Gernot Balcke

Wir bauen eine Modellbahn

rororo

Rowohlt

Bildnachweis
K. Arnold + Co., Gernot Balcke, D. Th. Bohlmann, Busch + Co., Gernot Dietel, em-Archiv, Gebr. Faller, Gebr. Fleischmann, Haug + Co., Kindler + Briel, Herpa-Modellbau, Liliput-Spielwarenfabrik, Patentwerk E. P. Lehmann, Gebr. Märklin, Model Railroader, Leo Nawrocki, Noch, Paul M. Preiser, Pola-Modellspielwaren, Gerhard Putz, Hermann Saile, Kurt Schlichting, Detlef Schwarz, Hans-Joachim Spieth, Trix-Mangold GmbH., Wolfram Vollmer KG.

Umschlagentwurf Werner Rebhuhn
(Fotos: Trix Mangold GmbH & Co.)
Zeichnungen: Gernot Balcke
Veröffentlicht im Rowohlt Taschenbuch Verlag GmbH,
Reinbek bei Hamburg, Dezember 1980

Satz Times (Linotron 404)
Gesamtherstellung Clausen & Bosse, Leck
Printed in Germany
980-ISBN 3 499 17389 1

Inhalt

Spaß am Spiel mit der kleinen Bahn

Davon träumt jeder Modelleisenbahner: eine eigene Anlage zu besitzen mit vielen Gleisen, einem großen Bahnhof und langen Zügen. Warum sollte man sich diesen Traum nicht erfüllen? Anlage: Märklin-miniclub

Wer ein technisches Spielzeug kauft, zeigt, daß er mehr will als «irgendwas zum Spielen». Und wer sich für eine Modelleisenbahn entscheidet, weiß schon sehr genau, was er will. Die Modellbahn bietet wie kaum ein anderes technisches Spielzeug eine Menge Möglichkeiten für interessantes, abwechslungsreiches und immer wieder neues Spielvergnügen. Schließlich gibt es Modellbahnen nicht ohne Grund schon seit mehr als hundert Jahren – kein anderes technisches Spielzeug hat die Modelleisenbahn im Lauf der Jahrzehnte von ihrem Platz auf der Beliebtheitsskala bei alt und jung verdrängen können.

Und damit ist es schon heraus: Die Modelleisenbahn ist im Grunde gar kein reines Kinderspielzeug, sie wurde «von Erwachsenen für Erwachsene erfunden»; Modellbahn-Fahrzeuge gab es sogar schon vor der «Erfindung» der großen Eisenbahn.

In England stand die Wiege der Modelleisenbahn, und schon bald fand dieses Hobby auf dem europäischen Kontinent und in Amerika schnell große Verbreitung, es blieb keineswegs ein typisch «englischer Spleen».

Schon damals – im vorigen Jahrhundert – fand man die Beschäftigung mit der kleinen Bahn so reizvoll, technisch interessant und lehrreich, daß sich bald darauf viele kleinere und größere Firmen mit dem Bau von Modellbahnen beschäftigten. Aber noch heute ist es in der Regel so, daß man eine Modellbahn zunächst einmal für die Kinder kauft, weil Kinder schon immer Spaß am Spiel mit der kleinen Bahn gehabt haben. Und erst allmählich merkt man selbst, welche Möglichkeiten in der Modellbahn stecken – konkurrenzlos vielseitige Spielmöglichkeiten.

Es fängt an mit einem kleinen Gleisoval. Dann kauft man Gleise hinzu, neue Lokomotiven und Wagen. Und schon bald erkennt man in der kleinen Bahn das Abbild der großen Eisenbahn. Man fängt an, Vergleiche mit dem Vorbild anzustellen, prüft kritisch die Möglichkeiten des vorbildnahen Eisenbahnbetriebs auf der Modellbahn-Anlage und sieht plötzlich das Eisenbahn-«Spiel» mit ganz anderen Augen – das Interesse an einer richtigen Modellbahn ist geweckt.

Das ist dann der Augenblick, in dem auch Sie anfangen werden, eigene Ideen und Pläne zu entwikkeln. Sie werden sich zum Beispiel überlegen, wie Sie zwei Züge auf der Anlage einsetzen können, welche Gebäude Sie aufstellen und wie Sie durch «ein bißchen Landschaft» die Modellbahn-Anlage auch optisch attraktiv gestalten können.

Die Bahn beginnt Ihnen Spaß zu machen, und immer neue Ideen werden Sie beschäftigen, deren Umsetzen in die Miniaturwelt gar nicht so schwierig ist. Letzten Endes ist es vielfach nur eine Frage des Platzes, wie und was Sie alles mit einer Modellbahn machen können. Sie haben Ihr neues Hobby entdeckt, das Ihnen nicht nur spielend das Vertiefen technischer Grundbegriffe ermöglicht, sondern Sie darüber hinaus – und das ist ganz besonders reizvoll – zum Planer und Gestalter einer eigenen kleinen Miniaturwelt werden läßt.

Dem Anfänger, der gerade das Geschäft mit einer Eisenbahn-Packung unter dem Arm verlassen hat, mag diese Erwartung schon hochgesteckt erscheinen: Aber schon bald wird sich zeigen, wie die Modellbahn fesselt. Langeweile gibt es bei diesem Spiel einfach nicht, denn die Möglichkeiten der Fortentwicklung sind fast grenzenlos.

Lesen Sie die Kapitel dieses Buches, dann wissen Sie, was Sie aus dieser Modellbahn-Anfangspackung machen können. Es wird nicht lange dauern, bis auch Sie mitreden und selbst entscheiden können, welche Anlagengröße und Anlagenbauform, welche Modellbahn-Baugröße und welche Lokomotiven und Wagen, welche Modellgebäude und technischen Zubehörartikel für Sie die richtigen sind. Ratschläge anderer sind gut, aber selbst entscheiden können ist besser. Sie können es, wenn Sie dieses Buch gelesen haben.

Es ist für alle Modellbahn-Beginner geschrieben, die nach dem Kauf ihrer ersten Eisenbahn verständlicherweise noch etwas ratlos vor Gleisen, Weichen, Fahrpulten und Fahrzeugen stehen und sich fragen: Was fange ich damit nun an?

Diese vier Skizzen zeigen anschaulich den Größenunterschied einer Modell-Lokomotive in den gebräuchlichen Baumaßstäben (Spurweiten) 0, H0, N und Z.

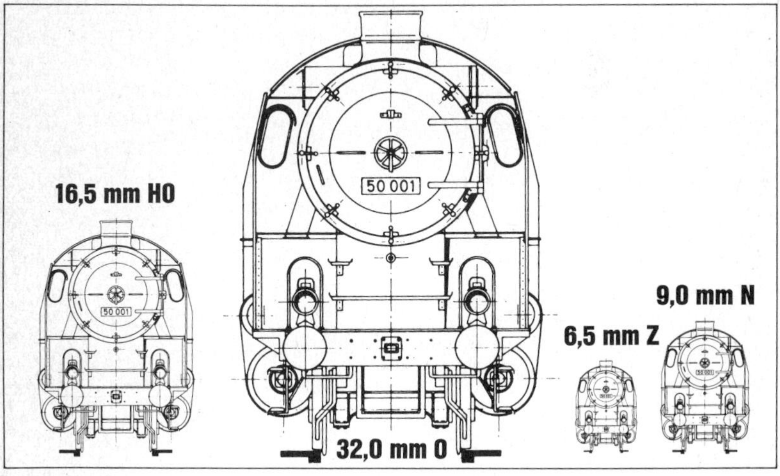

1. Klein – kleiner – am kleinsten

So winzig sind die kleinen Märklin-miniclub-Fahrzeuge in Baugröße Z. Die Firma Märklin «hat diese Nuß geknackt» mit der kleinsten serienmäßig hergestellten Modelleisenbahn auf 6,5 mm Spurweite.

Als Sie im Modellbahn-Fachgeschäft oder im Kaufhaus Ihre erste Modellbahn-Anfangspackung kauften, konnte weder der Verkäufer noch Sie wissen, was aus dieser Anfangspackung noch einmal werden wird. Denn viele Schienenkreise mit einem unermüdlich seine Runden drehenden Zug enden schon nach wenigen Wochen auf dem Abstellgleis, das heißt: Das Interesse am Spiel ist schon vorbei, ohne überhaupt erst richtig geweckt worden zu sein. Bei Ihnen ist das natürlich anders, sonst würden Sie dieses Buch ja gar nicht erst zur Hand nehmen.

Deshalb sollten Sie zunächst einmal wissen, welche Modelleisenbahnen der verschiedensten Größen und Systeme es eigentlich gibt, wodurch sie sich unterscheiden und welche Vor- und Nachteile sie im Einzelfall haben können. Mit einem Wort: Sie sollten im nachhinein wissen, was Sie eigentlich gekauft haben. Nun werden Sie vielleicht einwenden, daß Sie die Modellbahn schließlich in einem Fachgeschäft gekauft haben und der Verkäufer Sie dort ausführlich beraten hat. Hat er bestimmt – soweit er das konnte. Aber er und Sie wußten zu diesem Zeitpunkt ja noch gar nicht, was aus der Bahn einmal werden könnte – ob der Kauf der erste Schritt zu einem faszinierenden Hobby war oder ob es nur ein einmaliger Spielzeugkauf war. Deshalb ist diese große Übersicht schon wichtig, damit Sie richtig weiterplanen und -bauen können, ohne sich zu verzetteln und unter Umständen die Lust am Modellbahnspiel zu verlieren.

Sicherlich haben Sie schon des öfteren vor dem Schaufenster eines Modellbahn-Geschäftes gestanden und bei dieser Gelegenheit festgestellt, daß dort die unterschiedlichsten Fahrzeuge – große, kleine und auch ganz winzige – ausgestellt waren. Schienen, oder richtiger gesagt: Gleise, gibt es in nur wenigen Millimetern Breite bis zu mehreren Zentimetern Breite (diesen Abstand zwischen den beiden Schienen nennt man übrigens Spurweite). Warum werden solche unterschiedlichen Modellbahn-Baugrößen angeboten?

Das hat einmal seine Gründe in der traditionsreichen Geschichte der Modelleisenbahn, die schon eingangs kurz gestreift wurde. Diese Gründe hier im einzelnen zu erläutern, würde zu weit führen und ist zum Verständnis auch nicht erforderlich.

Eins sollten Sie jedoch wissen: Es gibt heute vornehmlich fünf gebräuchliche Modellbahn-Baugrößen, die auch vereinfacht als «Spurweiten» oder «Spuren» durch Kennbuchstaben bezeichnet werden: Z, N, H0, 0 und LGB.

Die Baugröße «Z» ist die jüngste und auch kleinste unter den Modellbahnen; ihre Spurweite, d. h. der innere Abstand zwischen den beiden Fahrschienen, beträgt nur 6,5 mm, also noch nicht einmal einen Zentimeter. Bezogen auf das

Zum Vergleich: einige Gleisstücke verschiedener Hersteller. Die Abbildung zeigt von oben nach unten und von links nach rechts: Märklin-miniclub (Z), Fleischmann (N), Arnold (N), Minitrix (N), Fleischmann (H0), Märklin-M (H0), Pola-maxi (0) und LGB (2m).

große Vorbild, dessen Spurweite in der Regel 1435 mm beträgt, ist das etwa 220mal kleiner (1435 mm : 220 = 6,5 mm). Auch alle Fahrzeugabmessungen sind 220mal kleiner als die der großen Eisenbahnen. Ein 220 m langer Zug ist in der Modellbahn-Baugröße Z demnach nur 1 m lang.

Diese Z-Bahn wurde erstmals 1972 von der Firma Märklin als kleinste System-Modelleisenbahn der Welt vorgestellt und ist in den letzten Jahren zu einem kompletten Modellbahn-Sortiment ausgebaut worden. Für den Aufbau einer mittelgroßen Anlage kommt man bei dieser Mini-Modellbahn schon mit einer Fläche in der Größe einer gewöhnlichen Tischplatte aus.

«Es gibt zur Zeit fünf gebräuchliche Modellbahn-Baugrößen, deren Spurweite und Verkleinerungsmaßstab genormt und als Kurzbezeichnung durch einen Buchstaben bzw. eine Ziffer gekennzeichnet ist.»

Mit 9 mm Spurweite und einem Verkleinerungsmaßstab gegenüber dem Vorbild von 1:160 (160 m Vorbildlänge entsprechen 1 m Modellänge) ist die Spur N schon etwas größer, aber immer noch klein genug, um eine Anlage mittlerer Größe in einer Zimmerecke oder auf einer Tischplatte aufbauen zu können. Modellbahnen der Baugröße N gibt es seit 1960. Sie wurden als erste von der Firma Arnold unter dem Markennamen «rapido» hergestellt. Kurze Zeit darauf folgten N-Bahnen auch von den Firmen Trix («Minitrix»), Fleischmann («piccolo») und einigen anderen Modellbahn-Herstellern (Lima, Piko, Rivarossi, Roco u. a.).

Wegen der kleinen Abmessungen und trotzdem technisch noch möglichen vorbildgerechten Ausführung der Modelle hat sich die N-Bahn bei den Modelleisenbahnern bis heute schon einen Marktanteil von gut einem Drittel erobern können.

Favorit unter den Modellbahnen von heute ist aber nach wie vor die Baugröße H0 (= Halb-Null). Sie ist in den Längenabmessungen etwa doppelt so groß wie N und halb so groß wie 0 (= Null), daher auch die Bezeichnung «Halb-Null». Bei der H0-Bahn beträgt die Spurweite 16,5 mm und der Baumaßstab 1:87; die Modelle sind also 87mal kleiner als die Fahrzeuge der großen Eisenbahn.

Die H0-Baugröße (früher wurde sie als 00 = Null-Null bezeichnet) wurde 1935 von der Firma Trix als erste «Tischbahn» angeboten und kurz darauf von der Firma Märklin, die auf dem Modellbahnsektor bereits eine große Tradition besaß. Heute liefern neben Märklin und Trix auch andere bekannte Modellbahn-Hersteller wie Fleischmann, Jouef, Liliput, Lima, Rivarossi, Roco u. a. Modellbahnen in der beliebten Baugröße H0. Die Auswahl ist hier zwar sehr vielseitig, aber – wie Sie gleich noch sehen werden – auch etwas schwieriger als in den anderen Baugrößen.

Seltener zu finden ist heute die Baugröße 0 (= Null) mit der Spurweite 32 mm und dem Baumaßstab 1:45 bzw. 1:43,5. In den Längenabmessungen ist die «Spur 0» doppelt so groß wie eine H0-Bahn, braucht also etwa viermal so viel Fläche für den Aufbau einer vergleichbaren Anlage. Deswegen findet man Spur-0-Bahnen heute nur noch in beschränktem Umfang im Angebot der Modellbahnfirmen.

Noch «eine Nummer größer» (aber bekannter als die Baugröße 0) ist die Lehmann-Groß-Bahn (LGB), die Nachbildung einer Vorbild-Schmalspurbahn im Maßstab 1:22,5 mit 45 mm Spurweite. Diese Bahn konnte schon auf Grund ihrer Größe so robust gebaut werden, daß man sie ohne Bedenken auch im Freien, zum Beispiel im Garten, betreiben kann, ohne allzu viel Rücksicht auf die Unbilden des Wetters neh-

Baugröße	Spurweite	Maßstab	Fabrikat (Auswahl)
Z	6,5 mm	1 : 220	Märklin-«miniclub»
N	9,0 mm	1 : 160	Arnold, Fleischmann-«piccolo», Lima, Piko, Roco, Rivarossi-«Atlas», Trix-«Minitrix», Peco
H0	16,5 mm	1 : 87	Fleischmann, Märklin, Liliput, Lima, Merker + Fischer, Rivarossi, Roco, Trix-International, Trix-Express, Jouef
0	32,0 mm	1 : 45	Lima, Rivarossi, Pola-maxi
2 m (LGB)	45,0 mm	1 : 22,5	Lehmann-Groß-Bahn (LGB)

men zu müssen. Deshalb bezeichnet man die LGB auch als «Gartenbahn».

Es gibt auch noch andere Baugrößen bzw. Spurweiten, zum Beispiel die Spur-1-Bahn von Märklin oder die TT-Bahn des DDR-Herstellers Berliner-TT-Bahnen, die aber in der Regel nur selten anzutreffen sind und vielfach – dies gilt in erster Linie für die größeren Baumaßstäbe – nur von handwerklich begabten Bastlern gepflegt werden, die ihre Modelle selbst bauen – manchmal sogar «echte» Dampflokomotiven, die den Dampf als Antriebskraft mit Hilfe eines Gasbrenners erzeugen. Doch das mag hier nur am Rande als ergänzende Information dienen.

Viel interessanter und auch wichtig für den Kauf weiterer Fahrzeuge und vielem technischem Zubehör ist die Frage des «Betriebssystems» einer Modelleisenbahn. Was verbirgt sich hinter diesem technisch klingenden Wort? – Ganz einfach: die Art der Gleisausführung und der Stromversorgung. Aber das ist schon genug, um einige Verwirrung beim Käufer anzurichten, der sich da nicht einigermaßen gut auskennt. Dies gilt in erster Linie für die Baugröße H0.

Welcher Art sind nun diese einzelnen System-Unterschiede? Zunächst machen sie sich bei der Stromversorgung bemerkbar. Wie Sie schon gesehen haben, gehört zum Betrieb jeder Modelleisenbahn ein sogenanntes Fahrpult (auch Trafo, Fahrregler o. ä. genannt). In diesem verschlossenen Gerät – man darf es aus Sicherheitsgründen auf keinen Fall selbst öffnen – wird zunächst einmal die gefährliche Steckdosenspannung von 220 Volt umgewandelt («transformiert») auf eine für den Spielbetrieb zugelassene und

völlig ungefährliche Kleinspannung, die zwischen 2 und höchstens 24 Volt liegt. Da kann also einfach nichts passieren, zumal die Fahrpulte gegen Kurzschluß und Überlastung auch noch doppelt abgesichert sind.
Märklins H0-Bahn wird mit 16 Volt Wechselstrom betrieben, während alle anderen Modellbahnen mit Gleichstrom laufen (8–12 Volt). Das ist der erste gravierende Unterschied – das Stromsystem.
Der zweite Hauptunterschied liegt in der Art der Stromabnahme. Bei Märklin-Gleisen befinden sich in der Mitte zwischen den beiden Fahrschienen punktförmige Kontakte, über die ein unter der Lokomotive befestigter skiförmiger Schleifer geführt wird, der den Fahrstrom von den Kontakten abgreift und dem Lokmotor zuführt. Von da aus geht er über die Fahrzeugräder und die beiden elektrisch miteinander verbundenen Fahrschienen wieder zum Fahrpult zurück.
Anders bei den Gleichstrombahnen: Hier sind beide Fahrschienen elektrisch voneinander isoliert. Durch die eine Fahrschiene wird die Fahrspannung dem Lokmotor zugeführt, durch die andere Schiene fließt der Strom wieder vom Motor zurück zum Fahrpult.
Bei der Märklin-H0-Bahn spricht man wegen des zusätzlichen Mittelleiters (Punktkontakte) vom «Dreischienen-System», bei den anderen Fabrikaten vom «Zweischienen-System». Zum Dreischienen-System zählt auch noch das später erwähnte Trix-Express-System.
Es gibt noch weitere Unterschiede. Zum Beispiel die Umschaltung zwischen Vor- und Rückwärtsfahrt (Fahrtrichtungs-Umschaltung). Sie erfolgt bei Gleichstrombahnen durch einfaches Links- oder Rechtsdrehen des Reglerknopfes am Fahrpult, wodurch der Strom automatisch «umgepolt» und damit die Fahrt-

System	verwendet in Baugröße	Bemerkungen
Zweischienen-Zweileiter-Gleichstrom	Z, N, H0, 0, 2 m	international genormtes Betriebssystem
Dreischienen-Zweileiter-Wechselstrom	H0	Märklin-System mit Punktkontakten als Mittelschiene
Dreischienen-Dreileiter-Gleichstrom	H0	Trix-Express-System mit durchlaufender Mittelschiene

richtung geändert wird. Beim Wechselstromsystem dagegen muß ein zusätzlicher Schaltvorgang durch ein mit 24 Volt betätigtes sogenanntes Umschaltrelais erfolgen, das gleich in den Märklin-H0-Loks eingebaut ist.

Doch es geht noch weiter: Die Räder der Fahrzeuge haben zum Teil unterschiedliche Abmessungen bei den verschiedenen Fabrikaten. Die Differenzen sind zwar in der Regel nicht sehr groß, reichen jedoch vielfach aus, daß man nicht Fahrzeuge des einen Fabrikates auf Gleisen (und besonders Weichen) eines anderen Fabrikates einsetzen kann.

Auch die Kupplungen sind bei den einzelnen Modellbahn-Fabrikaten fast alle unterschiedlich ausgeführt und passen nicht zusammen. Zum Teil gibt es zwar Tauschkupplungen, aber ein Handicap ist dieser «Kupplungssalat» trotzdem für den Käufer.

Wie Sie sehen, gibt es also eine Reihe von Gründen, die den Modellbahn-Anfänger quasi zwingen, nach Möglichkeit fabrikattreu zu bleiben. Dies gilt vor allem für die am weitesten verbreitete Baugröße H0.

In der Baugröße N gibt es dieses Austauschproblem bei den Fahrzeugen so gut wie nicht. Gleiches Betriebssystem (Zweischienen-Gleichstrom) und gleiche Kupplung (N-Universalkupplung) lassen einen freizügigen Einsatz von Fahrzeugen der verschiedensten Fabrikate auf derselben Anlage zu. Nur für ein bestimmtes Gleissystem (z. B. Arnold, Fleischmann, Minitrix, Roco) sollte man sich entscheiden, da es hier in der Ausführung wieder einige Unterschiede gibt, die ein wahlloses Zusammenstecken verschiedenartiger Gleisstücke verhindern bzw. erschweren.

«Es gibt drei generell unterschiedliche Modellbahn-Stromsysteme, deren Fahrzeuge man nicht zusammen auf einer Anlage einsetzen kann.»

In der kleinsten Baugröße Z gibt es hinsichtlich der Austauschbarkeit keine Probleme, da Märklin Alleinhersteller in dieser Baugröße ist. Gleiches gilt für die Lehmann-Groß-Bahn. Auch das Trix-Express-System (H0) nimmt eine Sonderstellung ein, denn die Fahrzeuge haben wesentlich breitere und höhere Spurkränze an den Rädern und entsprechend sind auch Gleise und Weichen darauf abgestimmt und für den Betrieb mit anderen H0-Modellbahnen ungeeignet.

Außerdem hat das Trix-Express-Gleis drei Schienen, die elektrisch voneinander isoliert sind. Durch je eine Fahrschiene (die rechte oder die linke) wird der Fahrstrom vom Triebfahrzeug über Schleifer abgenommen und dann über den Mittelleiter (Mittelschiene) wieder zurückgeführt. Weil für die Fahrstromzuführung jeweils nur eine der beiden Fahrschienen be-

nötigt wird, können beim Trix-Express-System gleichzeitig zwei Züge unabhängig voneinander gefahren werden, ohne daß dazu besondere Schaltungen oder Zusatzgeräte erforderlich sind. Diesem unbestrittenen betrieblichen Vorteil stehen allerdings das weniger vorbildgerechte Aussehen des Dreischienen-Gleises und die etwas grober wirkenden Fahrzeugräder entgegen.
Soviel also in großen Zügen über die Unterschiede zwischen den einzelnen Modellbahn-Baugrößen und Modellbahn-Betriebssystemen. Abgesehen von den Firmentraditionen, die den einzelnen Modellbahn-Fabrikaten nicht immer zu ihrem Vorteil anhaften, gibt es mancherlei Gründe, warum die eine Bahn so klein ist, die andere mit Mittelschiene oder Punktkontakten zwischen den Fahrschienen ausgerüstet ist und wieder andere nur in Baugröße N und nicht in H0 angeboten werden. Diese Gründe werden in der jeweiligen Firmenwerbung – soweit es sich um Vorteile handelt – verständlicherweise besonders herausgestellt, aber bekanntlich hat jedes Ding seine zwei Seiten und einem Vorteil steht vielfach auch ein Nachteil gegenüber. Grundsätzlich gilt jedoch: Alle heute auf dem Markt befindlichen Modellbahnfabrikate sind gut und technisch ausgereift. Um damit spielen und fahren zu können, braucht man weder Handwerker noch Elektrotechniker zu sein.

Für den kurzen informativen Überblick abschließend eine Zusammenstellung der Vorteile (+) und Nachteile (–) der einzelnen Baugrößen, die sich auf Grund langjähriger Erfahrungen herausgestellt haben.

Baugröße Z

+ Auf kleinster Fläche ist der Aufbau größerer Anlagen und der Einsatz langer Züge mit vielen maßstäblich richtig langen Wagen schon möglich. Beste Möglichkeiten zur vorbildnahen Flächen- und Streckengestaltung mit langen Bahnsteigen und großen Gleisradien. Ein echtes «Männer-Spielzeug».
– Sehr kleine und leichte Fahrzeuge, deshalb für Kinder als Spielbahn kaum geeignet; geringer Kontaktdruck bei der Stromabnahme erfordert besonders peinliches Sauberhalten der stromübertragenden Teile (Räder, Schienenoberfläche). Fahrverhalten der Fahrzeuge wegen ihres geringen Gewichtes weniger vorbildähnlich.

Baugröße N

+ Noch klein genug, um auch bei beschränktem Platzangebot größere Anlagen aufbauen zu können. Einheitliche Kupplungen und Radsätze ermöglichen

Oben: Kaum größer als eine Streichholzschachtel, aber vorbildgetreu bis in kleinste Einzelheiten sind die Fahrzeuge der Baugröße N (Maßstab 1:160); im Bild eine Ellok von Minitrix.
Nach wie vor die beliebteste Baugröße bei Modelleisenbahnen ist H0 (Halb-Null) im Maßstab 1:87 auf Gleisen mit 16,5 mm Spurweite. Die Fahrzeuge (im Bild eine Märklin-Lok) sind handlich und robust in der Ausführung.

freizügigen Einsatz verschiedener Fahrzeug-Fabrikate auf derselben Anlage. Gute Ausführung der Modelle, reichhaltiges Zubehör. Einsatz maßstäblich richtig langer (nicht verkürzter) Wagen problemlos möglich.

– Geringes Fahrzeuggewicht bedingt mehr Aufmerksamkeit bei der Fahrzeug- und Gleispflege als in größeren Baumaßstäben. Fahrverhalten der Fahrzeuge aus gleichem Grund nicht ganz so vorbildgerecht.

Baugröße H0

+ Handliche und robuste Fahrzeugmodelle in vorbildgetreuer Ausführung, leichter Gleisaufbau bei nicht stationären Anlagen (die häufig auf- und abgebaut werden müssen). Reichhaltiges Zubehör, Möglichkeiten des Selbstbastelns groß. Genügend großes Fahrzeuggewicht (Masse) vermittelt vorbildgerechteren Fahreindruck als in kleineren Baugrößen.

– Unterschiedliche Stromsysteme, Kupplungen und teilweise auch Radsätze erschweren bzw. verhindern den freizügigen Austausch von Modellen verschiedener Fabrikate. Relativ großer Platzbedarf für Anlagen mit vorbildähnlichem Fahrbetrieb. Lange Reisezugwagen sind vielfach nur in verkürzten Ausführungen erhältlich.

Baugröße 0

+ Große und deshalb für Kinder besonders handliche Fahrzeuge in robuster Ausführung, gute Vorbildwiedergabe möglich und entsprechend echt wirkender Modelleindruck; Möglichkeiten des Selbstbastelns groß.

– Kleines Angebot an Spielbahnen in dieser Baugröße, sehr großer Platzbedarf für Anlagenflächen, wenig konfektioniertes Zubehör. Komplette Gestaltung einer geschlossenen Anlage mit Landschaft usw. nur noch schwer möglich.

Baugröße 2m (LGB)

+ Die größten und damit für robusten Spielbetrieb handlichsten Fahrzeuge, für den Betrieb auf Freilandanlagen (z. B. im Garten) voll geeignet. Wartungsarmes und weitgehend bruchsicheres Material.

Für eine fest auf der Grundplatte montierte Anlage fast schon zu groß: Baugröße 0 mit 32 mm Spurweite. Dafür sind die Fahrzeuge (im Bild eine Dampflok von Rivarossi) besonders handlich und unempfindlich und deshalb für Kinderhände gut geeignet.

Recht groß sind schon die Fahrzeuge der Lehmann-Groß-Bahn (LGB) mit 45 mm Spurweite. Ihr besonderer Vorteil: Die LGB kann selbst bei schlechtem Wetter draußen im Garten fahren.

- Sehr großer Platzbedarf für Zimmeranlagen, nur Fahrzeuge nach Vorbildern von Schmalspurbahnen, begrenztes Zubehörangebot. Komplette Gestaltung einer geschlossenen Anlage mit Landschaft usw. wegen der Größe aus Platzgründen im Zimmer kaum mehr möglich.

Nach diesen für das allgemeine Verständnis interessanten und auch wichtigen Vorbemerkungen haben Sie den ersten großen und für den Anfang ausreichenden Überblick über die Eigenarten der verschiedenen Baugrößen und Systeme der Modellbahnen gewonnen. Für ein bestimmtes System und eine bestimmte Baugröße haben Sie sich beim Kauf der Modellbahn-Anfangspackung entschieden. War es das richtige? – Sie werden bald merken, ob «Ihre» Modellbahn zu groß, zu klein oder genau richtig für Ihre Platzverhältnisse und Ansprüche ist. Notfalls können Sie sie immer noch umtauschen oder weiterverschenken, bevor Sie sich durch Zukauf von weiteren Gleisen, Fahrzeugen und Zubehör endgültig festlegen. Denn noch ist es kein «finanzieller Beinbruch», wenn Sie umsteigen wollen auf eine andere Baugröße oder ein anderes Betriebssystem, zumal jede Firma ihre Anfangspackungen in der Regel zu einem «Kampfpreis» anbietet, um den Käufer nach Möglichkeit für die Zukunft an ihr Gleis- und Betriebssystem zu binden.

Gut und technisch perfekt sind sie alle – die kleinsten und die größten Modellbahnen. Nur für den Platz, den der Aufbau schon einer mittleren Modellbahn-Anlage erfordert, für den müssen Sie ganz allein sorgen. Und da ist die Überlegung, wie es weitergehen soll, doch recht wichtig.

Sie können jetzt schon selbst abwägen und entscheiden, welche der vielen Modellbahnen, die in den Schaufensterauslagen angeboten werden, für Ihre speziellen Verhältnisse und Vorstellungen genau die richtige ist.

2. Start im Kreisverkehr

Jetzt kann es also losgehen! Sehen Sie sich zunächst einmal den Inhalt der Modellbahn-Startpackung an. In der Regel finden Sie darin eine Handvoll Gleisstücke (gerade und gebogene «Schienen»), eine Lokomotive mit zwei oder drei Wagen, ein paar Anschlußdrähte (Kabel oder Litzen genannt) und ein Fahrpult mit Regelknopf und Anschlußleitung für eine 220-Volt-Lichtsteckdose.
In der beigegebenen kurzen Aufbauanleitung finden Sie zusätzlich spezielle firmenbezogene Hinweise darüber, wie die Gleisstücke zu einem «Oval», d. h. einem Kreis mit zwei oder mehreren geraden Verbindungsgleisen, zusammengesteckt werden und wie die Inbetriebnahme des Zuges erfolgen soll. Doch gehen wir der Reihe nach vor.

So oder ähnlich sieht der Inhalt einer Modellbahn-Anfangspackung aus: ein Fahrpult, eine kleine Lok, zwei oder drei Wagen und Gleise für ein kleines Oval oder einen Schienenkreis. Damit kann der Modellbahn-Start beginnen.

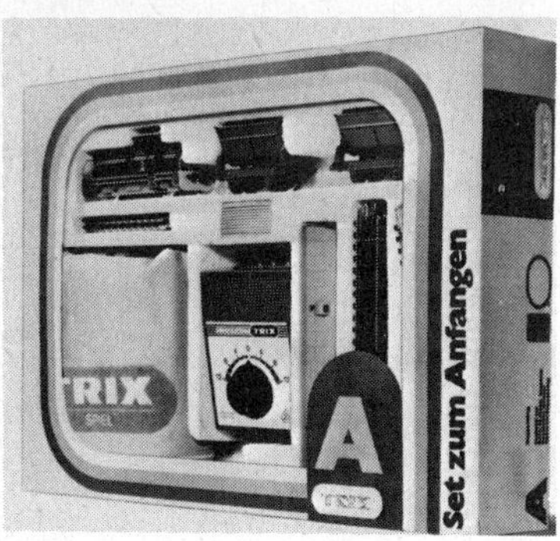

Stecken Sie zunächst die gebogenen Gleisstücke jeweils zu einem Halbkreis zusammen und achten Sie darauf, daß die Verbindungsstellen («Schienenstöße») zwischen den einzelnen Gleisstücken dicht schließen, d. h., Sie dürfen die Gleise nicht verkanten oder falsch zusammenstecken, so daß die Laschen nicht richtig in die Schienenstücke des nächsten Gleisstückes eingreifen. Wenn Sie mit einem Finger über die Schienenoberfläche («Schienenkopf») fahren, so dürfen Sie keine Höhenunterschiede oder scharfe Kanten spüren – dann ist alles richtig zusammengesteckt. Die Hälfte der in der Anfangspackung vorhandenen gebogenen Gleise muß genau einen Halbkreis ergeben (meist sechs Gleisstücke).
Jetzt stecken Sie die geraden Gleisstücke zwischen die beiden zusammengebauten Halbkreise und erhalten das betriebsbereite, in sich geschlossene Schienenoval – den Fahrweg für Ihre erste Modelleisenbahn. Wenn Sie die Gleise richtig und sorgfältig zusammengesteckt haben, ergibt sich eine gleichförmige Gleisfigur.
Nehmen Sie nun das wohl teuerste Stück der Anfangspackung in die Hand: das Fahrpult. Bei einigen Anfangspackungen ist dieses Netzanschlußgerät nicht in der Packung enthalten und muß extra gekauft werden. Viele Firmen haben auch unterschiedliche Bezeichnungen dafür, wie Fahrtransformator, Regeltransformator,

Rechts: So einfach ist der Anschluß einer Modellbahn: Der Netzstecker des Fahrpults wird in die nächste 220-V-Steckdose gesteckt und die gekennzeichneten Anschlußklemmen des Fahrpults werden mit dem Anschlußgleis des Schienenovals verbunden. Grundsätzlich gehört immer das Fahrpult zwischen Steckdose und Modellbahn!

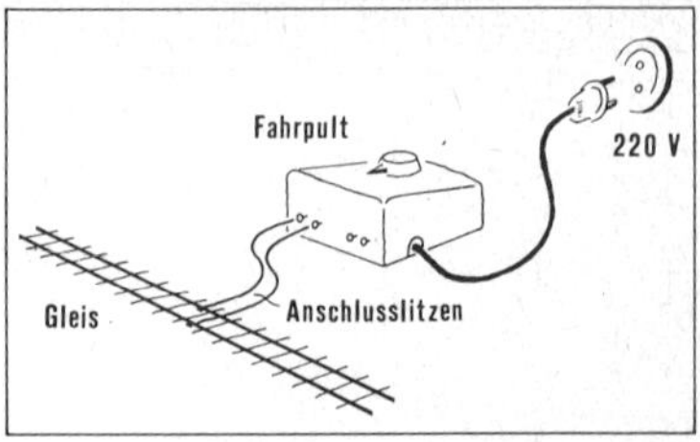

Rechts unten: Ein H0-Anschluß-Gleisstück von Märklin. Die beiden Kleinstecker werden entsprechend der Aufbauanweisung in die Fahrstrombuchsen des Märklin-Fahrpults gesteckt.

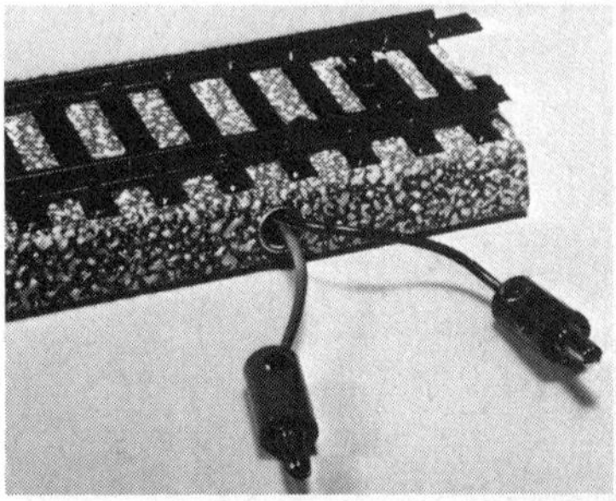

Fahrregler, Fahrpult, Trafo usw. Wir wollen es ihm folgenden einheitlich «Fahrpult» nennen.

Nunmehr kann der elektrische Anschluß der Gleise an das Fahrpult erfolgen, das Sie mit dem Netzstecker genau wie einen Staubsauger an der nächstgelegenen Lichtsteckdose anschließen. Auf der Rückseite eines normalen Modellbahn-Fahrpultes finden Sie vier Anschlußmöglichkeiten (Druckklemmen, Buchsen für Kleinstecker oder ähnliche kontaktsichere Befestigungsmöglichkeiten), die Sie im übrigen beden-

Links unten: Eine andere Möglichkeit des Fahrstromanschlusses zwischen Gleis und Fahrpult sind direkt am Schwellenkörper angebrachte Anschlußklemmen, in welche die Verbindungslitzen eingeklemmt werden. (Märklin-K)

Rechts unten: Viele Modellbahn-Hersteller verwenden heute Einzel-Anschlußklemmen, die an jeder beliebigen Stelle des Gleises in der Nähe des Fahrpults angeklemmt werden können. (Fleischmann H0)

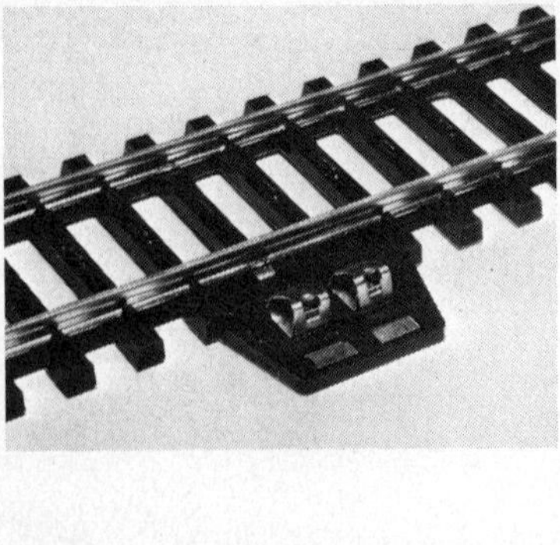

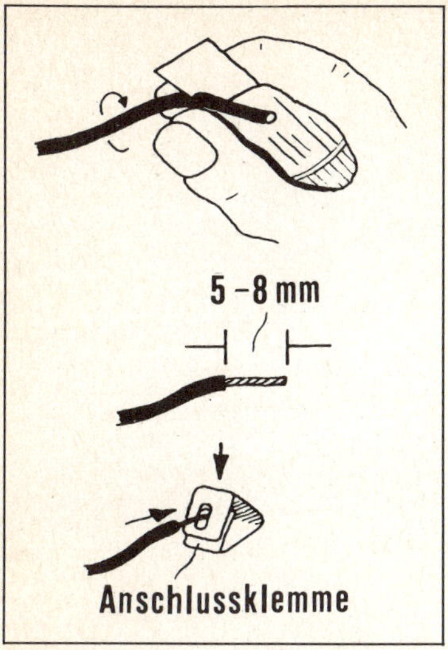

Gar nicht schwer ist das Abisolieren einer Litze mit dem Bastelmesser. Diese Arbeit ist beispielsweise erforderlich, wenn man eine Anschlußlitze verkürzen will.

So funktioniert ein Stromkreis: von einer Stromquelle (z. B. bei der Modellbahn das Fahrpult) läuft der Strom über einen Leiter (z. B. Litze) zum Verbraucher (z. B. Lämpchen), verrichtet dort eine Arbeit (bringt das Lämpchen zum Leuchten) und wird über einen zweiten Leiter wieder zur Stromquelle zurückgeführt; damit ist der Stromkreis geschlossen. So einfach ist das.

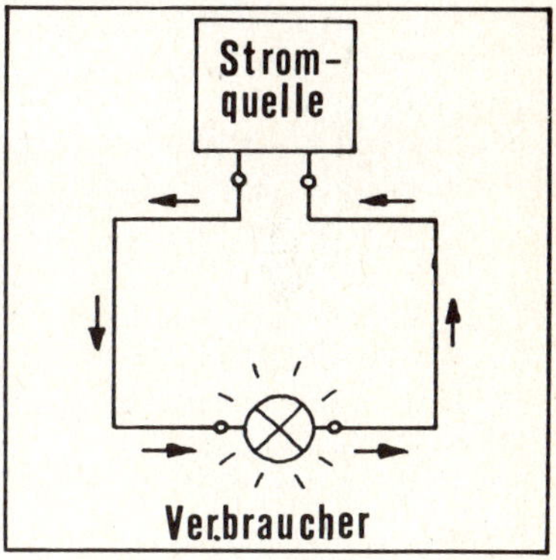

kenlos anfassen können, da die im Modellbahn-Betrieb verwendete zulässige sogenannte Kleinspannung – wie schon erwähnt – völlig ungefährlich ist.

Je nach Fabrikat sind diese vier Anschlußklemmen unterschiedlich gekennzeichnet durch Symbole, Farben oder Buchstaben; die genaue Erklärung finden Sie in der Betriebsanleitung. Allgemein gilt jedoch: Zwei Klemmen sind für den Bahnstromanschluß vorgesehen, also zur Verbindung zwischen Gleis mit Fahrpult und Regler und zwei Klemmen für den Anschluß von Licht (z. B. Straßenlampen, Gebäudebeleuchtung) und sogenannten elektromagnetischen Zubehörartikeln. Zu letzteren zählen beispielsweise elektromagnetisch angetriebene Weichen und Signale, technische Funktionsmodelle (Elektrokran, Mühlen, Schranken usw.) – kurz: jedes Zubehör der Anlage, das entweder beleuchtet werden soll oder durch Elektromagnete bewegt («gestellt») wird.

Diese Anschlüsse werden bei Modellbahnen immer mit Wechselstrom (bis zu 19 Volt) versorgt, während der Bahnstrom (Fahrstrom) als regelbarer Gleichstrom von 0 bis 12 Volt (Märklin-miniclub: 0 bis 8 Volt) abgegeben wird. Ausnahme:

das Märklin-H0-System, bei dem als Bahnstrom ebenfalls Wechselstrom verwendet wird.
Da die Anfangspackung in der Regel kein weiteres elektrisch oder elektromagnetisch betätigtes Zubehör enthält, interessieren zunächst nur die beiden Bahnstromanschlüsse und deren Verbindung mit dem Anschluß-Gleisstück. Dieses Gleisstück hat seitlich ebenfalls zwei Klemmanschlüsse für zwei Drähte oder Litzen. Es sollte so im Gleisoval eingebaut werden, daß es möglichst nah beim Fahrpult liegt (also im vorderen Teil des Gleisovals), damit man unnötig lange Drahtverbindungen vermeidet. Statt eines kompletten Anschluß-Gleisstückes sind einigen Fabrikaten auch zwei lose Anschlußklemmen beigelegt, die man an einem beliebigen Gleis an die rechte und an die linke Fahrschiene anklemmt. Im Prinzip erfolgt der Anschluß aber genauso wie beim Anschluß-Gleisstück.
Falls der Packung keine fertigen Anschlußkabel beiliegen, kauft man sich in einem Elektro-, Bastel- oder Modellbahn-Geschäft eine Rolle isolierten dünnen Litzendraht, von dem man zwei entsprechend lange Stücke abschneidet und die jeweiligen Drahtenden mit einem scharfen Küchenmesser oder Bastelmesser vorsichtig von dem überzogenen farbigen Isolierschlauch befreit. Dabei muß man vorsichtig vorgehen, damit man die dünnen Kupferdrähtchen nicht teilweise mit abschneidet. Außerdem sollten die blanken Drahtenden nicht zu lang sein (höchstens etwa 5 bis 8 mm). Auf gleiche Weise kann man später bei anderer Gelegenheit jeden zu langen Anschlußdraht beliebig kürzen.
Jetzt werden die beiden isolierten Litzen bzw. Drähte gleisseitig und am Bahnstrom-Anschluß des Fahrpults angeklemmt bzw. eingesteckt und auf kontaktsicheren Sitz überprüft. Damit kann der Fahrbetrieb eigentlich schon beginnen. Nun werden Sie vielleicht fragen: Warum brauche ich zwei Anschlußdrähte – genügt da nicht einer? – Die Antwort ist eigentlich einfach und zum Teil schon in Kapitel 1 angeklungen: Jedem elektrischen Gerät, das eine Arbeit verrichten soll, muß der Strom von einer Stromquelle zugeführt werden (erster Anschlußdraht); der Strom verrichtet seine Arbeit (z. B. Motorlauf, Lampenleuchten) und wird dann wieder zum Ausgangspunkt zurückgeführt (zweiter Anschlußdraht). Denn zum Verrichten einer elektrischen Arbeit ist immer ein in sich geschlos-

«Mit gefahrloser Kleinspannung von höchstens 24 Volt werden alle Modelleisenbahnen betrieben. Der Strom wird den Schienen über das Fahrpult zugeleitet. Die Fahrspannung und damit die Fahrgeschwindigkeit wird an einem Drehknopf am Fahrpult geregelt.»

sener «Stromkreis» erforderlich: Der Strom wird zum Verbraucher geführt und anschließend wieder zur Stromquelle zurückgeleitet. Man benötigt also zwei «Leiter» (= elektrisch leitende Verbindungen), einen für die Hinführung des Stroms zum Verbraucher und einen für die Rückleitung.

Unterbricht man einen Leiter, so wird auch sofort die Arbeit bzw. Funktion des Verbrauchers unterbrochen. Als Beispiel aus dem Alltag sei ein gewöhnlicher Lichtschalter genannt, bei dem durch Unterbrechen oder Zuschalten eines Leiters (innerhalb des Lichtschalters) die elektrische Glühlampe aus- oder eingeschaltet wird. So einfach ist das im Prinzip auch bei der Modellbahn.

Der 220-Volt-Wechselstrom aus der Steckdose wird im Fahrpult auf die ungefährliche Kleinspannung von maximal bis zu 24 Volt herunter transformiert, bei Gleichstrom-Bahnen zusätzlich noch in Gleichstrom umgewandelt und nimmt dann den Weg über einen der beiden Anschlußdrähte zu einer der beiden Schienen, wird über Räder oder Schleifer dem Lokmotor zugeführt, verrichtet dort seine «Arbeit» (Antrieb des Motors) und läuft über die andere, isolierte Radseite in die zweite Schiene (die von der ersten Schiene elektrisch isoliert ist) und von dort aus wieder über den zugehörigen zweiten Anschlußdraht zum Fahrpult zurück – der Stromkreislauf ist geschlossen.

Beim Märklin-H0-Dreischienen-System funktioniert das im Prinzip genauso. Nur sind hier die beiden Fahrschienen nicht elektrisch voneinander isoliert, sondern miteinander stromleitend verbunden: sie stellen beide zusammen also nur einen einzigen Stromleiter dar. Als erforderlicher zweiter Leiter dienen die in Gleismitte angeordneten, isoliert eingebauten Punktkontakte. Soviel zur Funktion des «elektrischen Kreislaufs» der Modelleisenbahn – eigentlich doch eine recht einfache Sache, wenn man weiß, wie's funktioniert.

Nachdem Lokomotive und Wagen auf die Gleise gestellt wurden und durch einfaches leichtes Zusammenschieben gekuppelt sind (nur die Wagen schieben, niemals die Lok, weil sonst Zahnräder oder Schneckengetriebe beschädigt werden könnten), kann die erste Probefahrt starten.

Nach langsamem Aufdrehen des Fahrtregelknopfes aus seiner Nullstellung heraus beginnt sich der Zug in Bewegung zu setzen. Je mehr Spannung der Lokmotor erhält, d. h., je weiter der Fahrtregler «aufgedreht» wird, desto schneller fährt der Zug; beim Zurückdrehen des Reglers bleibt er meist schon kurz vor Erreichen der Nullstellung wieder stehen. Sie werden es schnell in den Griff bekommen, den Zug so «weich» wie möglich in seiner Fahrtgeschwindigkeit zu regeln.

Den Fahrtregler sollte man normalerweise aber nicht bis zum Anschlag aufdrehen, da der Zug oder

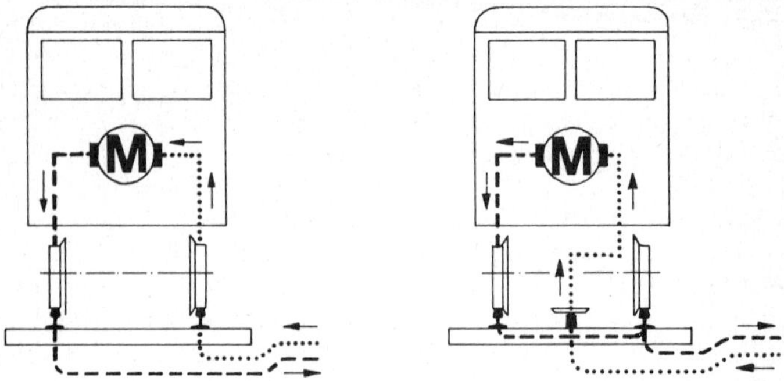

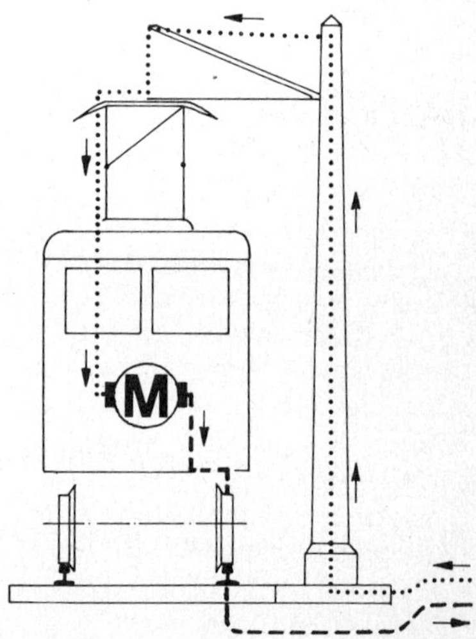

Nach dem einfachen Prinzip des geschlossenen Stromkreislaufes wird auch der Motor (M) einer Modellokomotive angetrieben. Je nach Betriebssystem der Bahn kann die Stromzufuhr und -rückleitung unterschiedlich sein. Links in der Skizze ist der «Normalfall» beim Zweischienen-Zweileiter-Gleichstromsystem gezeigt: Der Strom fließt über die eine Fahrschiene zum Motor und von dort über die andere Fahrschiene wieder zum Fahrpult zurück. Die mittlere Skizze zeigt den Stromfluß beim Dreischienen-(Punktkontakt)-Märklin-H0-System: Der Strom wird über die Punktkontakte und den Skischleifer dem Motor zugeführt und fließt über beide (nicht voneinander isolierten) Fahrschienen zurück. Rechts im Bild die Stromzufuhr bei Betrieb mit Oberleitung: Hier wird der Strom über den Fahrdraht und den Dachstromabnehmer der Lok dem Motor zugeführt und fließt über eine bzw. beide (bei Märklin H0) Fahrschienen zum Fahrpult zurück.

die alleinfahrende Lok gewöhnlich ein gegenüber dem Vorbild viel zu hohes Tempo erreicht und unter Umständen in Gleisbogen buchstäblich aus der Kurve getragen werden können. Also den Fahrtregler nicht «mit Vollgas» bedienen.

Wer eine Gleichstrom-Modellbahn fährt (das sind bekanntlich alle Fabrikate außer der Märklin-H0-Bahn), wird beim «Herumdrehen» am Fahrtregelknopf eine interessante Feststellung machen. Dreht man den Regelknopf nämlich aus der Nullstellung in die entgegengesetzte Richtung, dann fährt auch die Lok in die entgegengesetzte Richtung. Sie haben also durch

Rechts- oder Linksdrehen des Regelknopfes aus der Nullstellung heraus auf einfachste Weise die Möglichkeit, die Fahrtrichtung der Lok nach Belieben zu ändern.
Das wird Sie sicher auch auf die Idee bringen, die Fahrtrichtung der Lok wenigstens auf dem vorderen Gleisabschnitt des Ovals mit der Drehrichtung des Regelknopfes in Übereinstimmung zu bringen, d. h., dreht man den Regler nach rechts, dann fährt auch die Lok nach rechts, dreht man ihn dagegen nach links, dann fährt die Lok ebenfalls nach links. Reagiert der Zug genau umgekehrt, so brauchen Sie nur die beiden Anschlußdrähte zum Fahrpult-Bahnstromanschluß entweder am Anschlußgleis oder am Fahrpult zu vertauschen. Auf diese Weise hat man bei Gleichstrom-Modellbahnen automatisch immer eine einfache Fahrtrichtungskontrolle am Fahrpult. Man weiß also vor Aufdrehen des Fahrreglers, in welche Richtung der Zug fahren wird. Es ist dabei übrigens gleichgültig, ob die Lok mit ihrer Front- oder Rückseite in Fahrtrichtung steht.
Beim Märklin-H0-Wechselstrom-System hat man diese einfache Kontrolle nicht, da es hier nur einen Regelbereich am Fahrpult-Regelknopf gibt und die Umschaltung der Fahrtrichtung durch einen kleinen Stromstoß erfolgt, der durch kurzes Weiterdrehen des Reglerknopfes links über den Nullpunkt hinaus erfolgt.
Nachdem Sie nun die Eigenarten in der Bedienung der Fahrpulte kennengelernt haben, können Sie sich endlich als «Lokführer» betätigen. Sie werden schnell «den richtigen Dreh» (im wahrsten Sinne des Wortes) heraus haben, wie Sie Ihren Zug langsam anfahren lassen, auf Fahrtgeschwindigkeit bringen und ebenso wieder langsam an einer von Ihnen bestimmten Stelle des Gleisovals zum Stehen bringen.
Auch das sanfte Ankuppeln der Wagen durch langsames heranfahren der Lok sollten Sie ein wenig üben, denn bei zu schnellem und heftigem Auffahren kann sonst unter Umständen ein leichter Wagen unbeabsichtigt aus dem Gleis springen. Das Abkuppeln der Wagen («Entkuppeln») können Sie sich durch ein etwa zentimeterbreites Holzstäbchen erleichtern, das von unten leicht unter die Kupplungsbügel gedrückt wird; diese haken aus, und die Wagen können auseinandergezogen werden. Wenn Sie eine N-Bahn gekauft haben (Fabrikat Arnold,

«Gleisstücke sorgfältig und lückenlos zusammenstecken; am besten auf glatter Unterlage aufbauen, nicht auf einem Teppich oder einer Decke. Besser ist eine Tischplatte, Packpapier auf dem Fußboden oder eine spezielle Kunststoffmatte für Modellbahnen.»

«Vor Inbetriebnahme der Bahn sind die Pflegehinweise über das Ölen der Lokomotive zu beachten. Weitere wichtige Wartungstips finden Sie in Kapitel 12: ‹Inspektionen kosten nichts›. Wichtig: Regelmäßig an den vorgeschriebenen Stellen ölen, aber lieber einen Tropfen Öl weniger als einen zuviel!»

Fleischmann-piccolo oder Minitrix) oder eine Märklin-Z-Bahn, ist das Entkuppeln von Hand noch einfacher: Sie heben an der gewünschten Stelle nur den Wagen leicht an, und die Fahrzeuge sind bereits entkuppelt. Diese kleinen, aber nützlichen Kniffe werden Sie schnell im Griff haben.

Fahren Sie also Ihren ersten Zug zunächst einmal in aller Ruhe ein – Sie werden Ihre Freude daran haben, wie gleichmäßig die Bahn über den Schienenstrang schnurrt und wie feinfühlig und exakt sie auf Ihre Kommandos vom Reglerknopf des Fahrpults reagiert. Denn die Bahn tut genau das, was Sie ihr an «Steuerbefehlen» über das Fahrpult weitergeben.

3. Die Weichen sind gestellt

Zum Vergleich eine H0-Weiche (Fabrikat Märklin, Bild oben) und eine N-Weiche (Fabrikat Fleischmann) mit «abknöpfbarem» Weichenantrieb. Alle modernen Modellbahn-Weichenantriebe sind klein in den Abmessungen und sehr betriebssicher.

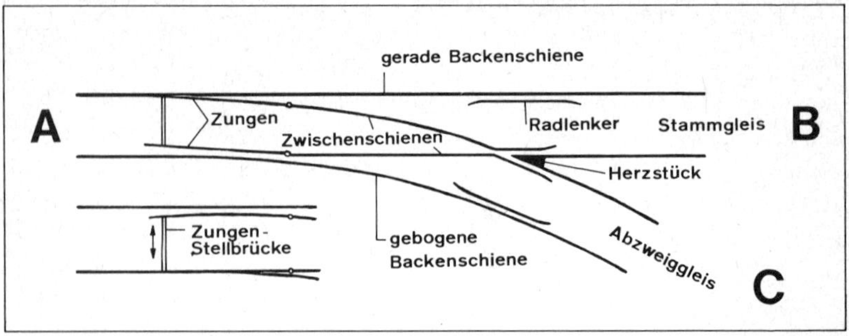

Aus diesen wesentlichen Teilen besteht eine Weiche. Mit Hilfe der beweglichen Zungen wird der Fahrweg eingestellt. Die beiden Radlenker sorgen dafür, daß ein Fahrzeug nicht durch die Schienenlücke am Herzstück zum Entgleisen gebracht wird. Das Stellen der Weiche geschieht durch einen außerhalb angebrachten Antrieb, der die Zungenstellbrücke und damit die Zungen in die gewünschte Lage bringt.

Diesen Satz haben Sie sicherlich schon oft in anderem Zusammenhang gehört: Die Weichen sind gestellt – jetzt ist eine bestimmte Richtung festgelegt. Dieser Ausdruck kommt von der Eisenbahntechnik, denn mit Weichen kann man eine Fahrtrichtung ändern oder auf ein anderes Gleis überwechseln, ohne daß der Zug angehalten werden muß.

Eine Weiche teilt ein Gleis in zwei «Stränge» auf: Das sogenannte Stammgleis führt in der ursprünglichen Gleisrichtung weiter und das abzweigende Gleis führt auf eine andere Fahrstraße, beispielsweise auf ein parallel verlaufendes Nebengleis.

Das «Stellen» der Weiche geschieht durch sogenannte Zungen, die in Drehpunkten seitenbeweglich gelagert sind. Eine Weiche ist sowohl beim großen Vorbild als auch bei unseren kleinen Modellbahnen schon eine recht komplizierte Konstruktion. Der Zug soll schließlich ohne Entgleisungsgefahr geradeaus weiterfahren können oder auf ein abzweigendes

«Weichen werden anstelle eines Gleisstücks eingebaut, um den Fahrweg eines Zuges wahlweise ändern zu können (Geradeausfahrt oder Abzweigung). Das Stellen der Weichen geschieht von Hand oder elektromagnetisch mit Drucktasten vom Stellpult aus. Der elektrische Anschluß erfolgt an den Wechselstrom-Anschlußklemmen des Modellbahn-Fahrpults.»

Gleis geleitet werden.
Je nach Richtung des abzweigenden Gleisstrangs unterscheidet man Links- und Rechtsweichen, außerdem noch verschiedene Formen wie Bogenweichen und doppelte Kreuzungsweichen, um nur einige zu nennen. In den Zeichnungen sind unterschiedliche Weichenarten und die wichtigsten Teile einer Weiche dargestellt, damit Sie genau wissen, wie eine Weiche aufgebaut ist, wie sie funktioniert und wozu man sie braucht.
Das «Umlegen» oder Stellen der Weiche geschieht bei Modellbahnen entweder durch einen kleinen Handschalthebel, der direkt an der Weiche im Antriebskasten untergebracht ist oder – ähnlich wie bei der großen Bahn – durch einen vom Stellpult aus fernbetätigten Elektroantrieb. Interessant, wie so etwas funktioniert – in der Skizze ist ein solcher Antrieb im Prinzip dargestellt.
Über kurz oder lang werden Sie also Ihr Modellbahn-Fachgeschäft wieder aufsuchen, um sich durch den Kauf von Weichen und einigen weiteren Gleisstücken mehr Fahr- und Rangiermöglichkeiten zu schaffen. Um Ihnen die Auswahl zu erleichtern, bietet fast jeder Modellbahn-Hersteller sogenannte «Gleis-Sets» an: Das sind Ergänzungspackungen, die alle nötigen Gleisstücke und Weichen

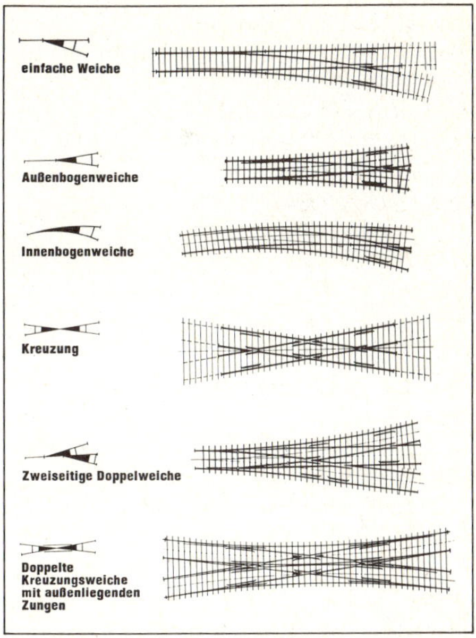

Die Skizze zeigt die wichtigsten Weichenformen, die auch bei Modelleisenbahnen gebräuchlich sind. Für den Anfang genügen einfache Rechts- oder Linksweichen bzw. die platzsparenden Innenbogenweichen.

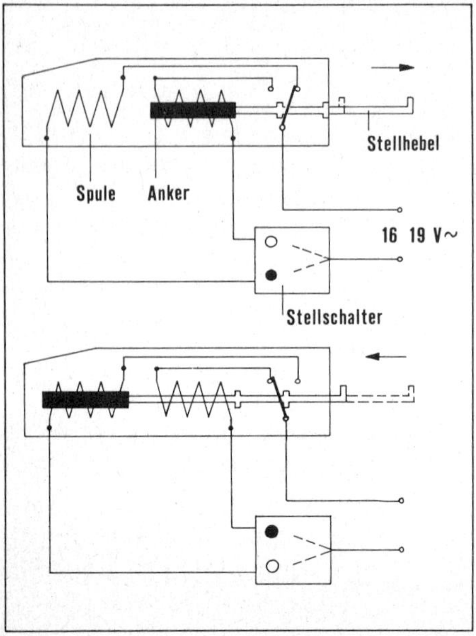

Links: So funktioniert ein elektromagnetischer Weichenantrieb für Modellbahnen: Über den Weichen-Stellschalter wird der Lichtstrom des Fahrpults jeweils nur einer Spule zugeführt; der Spulenstrom zieht den Anker (Magnetkern) des Antriebs in die entsprechende Richtung und betätigt dabei durch den Stellhebel die Zungenstellbrücke der Weiche. Im Prinzip funktionieren alle Weichenantriebe auf diese Art.

enthalten, um das vorhandene Gleisoval sinnvoll zu ergänzen bzw. zu erweitern.
Sie können natürlich auch nach eigenen Ideen eine Erweiterung des Gleisovals zusammenstellen. Beim Aufzeichnen der Gleise (man nennt das einen «Gleisplan» zeichnen) hilft Ihnen eine Schablone, die ebenfalls vom Modellbahn-Hersteller für sein Gleismaterial angeboten wird. So können Sie beim Zeichnen Ihres Gleisplans mit Hilfe der Schablone direkt von der Skizze ablesen, wie viele und welche Gleisstücke oder Weichen Sie benötigen, um die Gleisanlage nach Ihren Ideen zu erweitern. Das ist praktisch und geht ganz einfach.

Jetzt können Sie das neu erstandene Gleis- und Weichenmaterial in das vorhandene Gleisoval einbauen. Zweckmäßigerweise sollten Sie versuchen, dafür den freien Raum innerhalb des Ovals zu nutzen, damit die Gleisanlage keinen zusätzlichen Platz beansprucht.
Ein Abstellgleis für Güterwagen oder ein zusätzliches Gleis zum Abstellen eines Zuges bringt in Verbindung mit einer, zwei oder mehreren Weichen jetzt schon echte Betriebsmöglichkeiten. Bauen wir als erstes Beispiel ein Gleis innerhalb des Ovals ein, das mit zwei Weichen mit dem Gleisoval verbunden ist. Anhand eines Rangierbeispiels wollen wir nun einmal einen Betriebsvorgang ab-

laufen lassen, der nur eines von vielen Beispielen ist, wie man Züge «zerlegt» und wieder neu zusammenstellt. Als Rangieraufgabe stellen wir uns das Umsetzen eines Güterzuges, der mit den Wagen 1, 2, 3 und 4 von A kommt und nur mit den Wagen 3 und 4 den Bahnhof wieder in Richtung A verlassen soll. Eine ganz knifflige Angelegenheit, die man buchstäblich Schritt für Schritt durchdenken muß. Als Hilfestellung dienen die Rangierskizzen, aus denen die einzelnen Rangierbewegungen zu ersehen sind. Insgesamt elf Rangier- bzw. Umsetzbewegungen sind dazu erforderlich! Hätten Sie das gedacht?
Sie sehen also, selbst mit nur einem zusätzlichen Gleis sind Rangiermanöver möglich geworden, die nicht nur mehr Abwechslung ins Spiel bringen, sondern auch echte Spannung für den «Lokführer» vermitteln, der zentimetergenau rangieren, Wagen an- und abkuppeln und ganz bei der Sache sein muß, damit alles klappt. Mit zwei Weichen und ein paar Gleisen mehr sind Sie also jetzt schon an einem Punkt angelangt, an dem

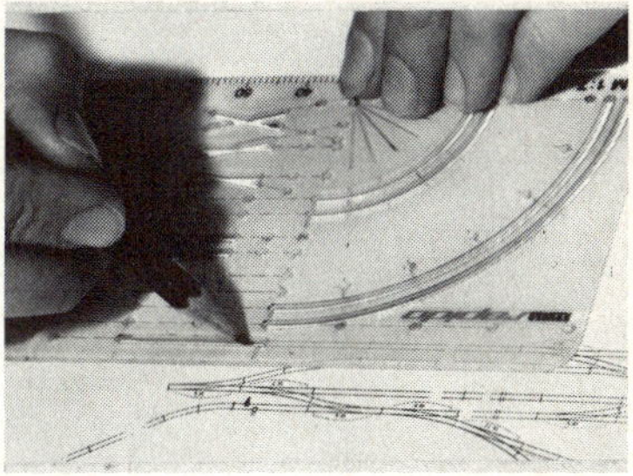

Rechts: Mit Hilfe einer Gleisschablone aus durchsichtigem Kunststoff lassen sich für das entsprechende Gleissystem leicht selbst Gleispläne nach eigenen Ideen in richtigem Größenverhältnis mit einem Spitzen Bleistift auf Papier aufzeichnen.

Durch Einfügen von zwei Weichen und einigen Gleisen auf der Innenseite des Gleisovals kann ohne zusätzlichen Platzanspruch der Fahrbetrieb interessanter gestaltet werden.

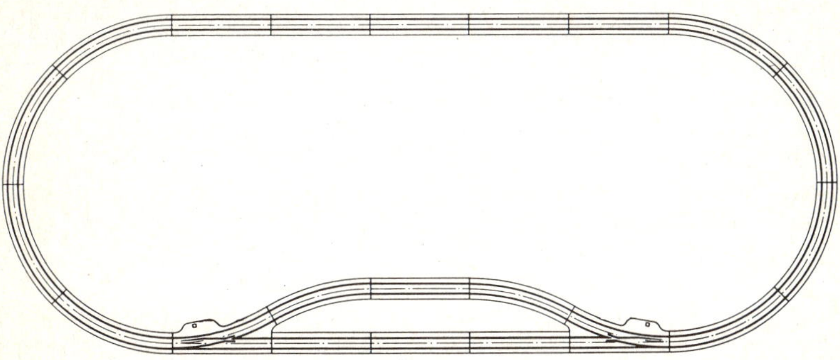

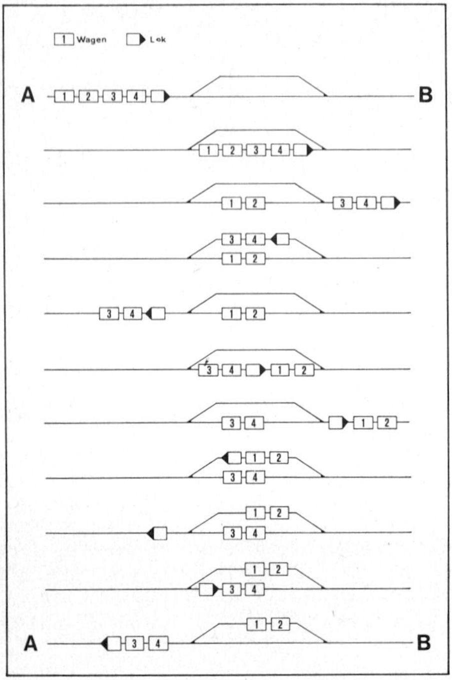

Links: Ein interessantes und spannendes Rangierbeispiel für Modellbahn-Lokführer: Der von A kommende Zug mit den Wagen 1 bis 4 soll den Bahnhof nur mit den Wagen 3 und 4 wieder in Richtung A verlassen. Sehen Sie sich die einzelnen Rangierschritte (von oben nach unten) genau an und Sie wissen, wie's gemacht wird.

das Modellbahn-Fahren schon nicht mehr langweilig werden kann.

Wenn Sie dieses Rangierbeispiel richtig «durchgespielt» haben, dann stecken Sie die Gleise doch einmal anders zusammen – so, daß zwei Abstellgleise entstehen. Und nun versuchen Sie, je zwei der vier Wagen auf eines der beiden Abstellgleise zu schieben, und zwar Wagen 4 und 1 auf Gleis 1 und Wagen 3 und 2 auf Gleis 2. Die Lösung dieser gar nicht so schwierigen Rangieraufgabe ist ebenfalls in einer Skizzenserie dargestellt, so daß Sie Ihr Rangiertalent nachträglich überprüfen können.

Ein paar Tips für das «fachgerechte Rangieren» sind sicher ganz nützlich: Die Gleise (Schienenoberflächen) sollten immer sauber und weitgehend staubfrei sein, damit Sie auch wirklich langsam fahren und rangieren können. Ferner empfiehlt sich zum leichteren und schnelleren Abkuppeln der Wagen das bereits erwähnte 1 cm breite Holzstäbchen zum Anheben der bei H0-Fahrzeugen üblichen Fallhaken-Kupplungen. Und natürlich sanftes Regeln am Drehknopf des Fahrpults – also beim Rangieren bitte auf keinen Fall

Rechts: Nicht weniger interessant ist dieses Rangierbeispiel, das sich ebenfalls leicht vorher auf dem Papier «üben» läßt: Der von links kommende Zug mit den Wagen 1 bis 4 soll die Wagen in den Zweiergruppen 4–1 und 2–3 auf die Abstellgleise 1 und 2 rangieren.

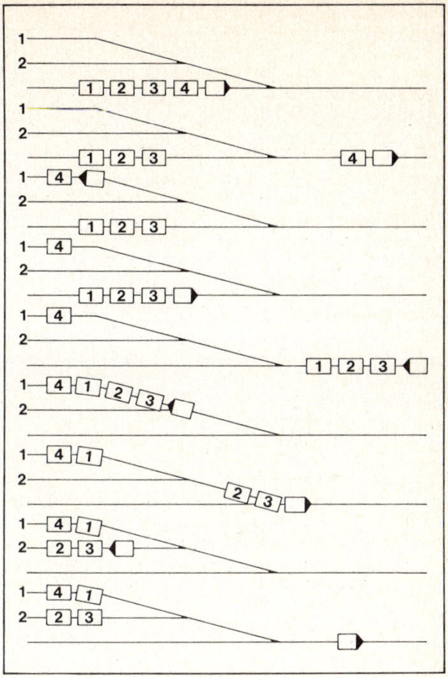

«Vollgas» geben, sonst können leichte Wagen entgleisen. Nach einigen Versuchsfahrten werden Sie bald perfekt rangieren können.
Diese Rangierbeispiele könnte man noch weiter fortsetzen und noch interessanter gestalten, wenn mehr als zwei Weichen in die Gleisanlage eingebaut werden. Aber das ist zum jetzigen Zeitpunkt noch nicht nötig – mehr Gleise und mehr Weichen, dafür ist später noch Zeit genug.
Zunächst wenden wir uns erst einmal etwas ganz anderem zu: Wir suchen einen passenden Platz für unsere Modellbahn-Anlage, um sie nach Möglichkeit dort betriebsbetreit aufgebaut zu verstauen, denn das ständige Auf- und Abbauen der Gleise, Kabelanschlüsse usw. ist auf die Dauer nicht nur lästig, sondern beansprucht auch das Material.

4. Jetzt kommt alles auf die Platte

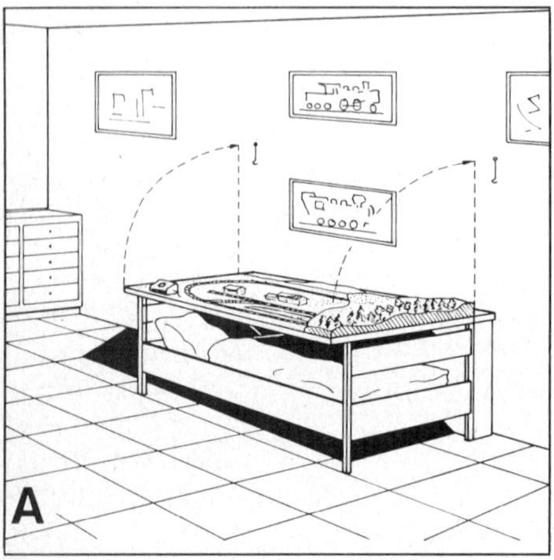

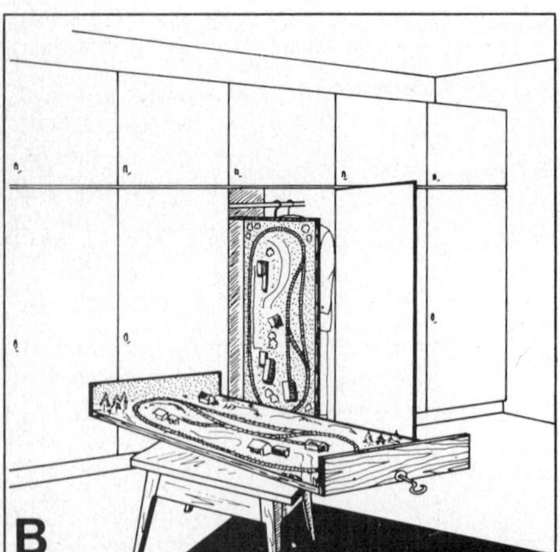

Oben: Lösung A für das Unterbringen der Modellbahn-Anlage: Auf dem Kinderbett aufliegend, wird die Platte in Betriebsstellung gebracht; bei Nichtgebrauch kann sie an die Wand geklappt werden.

Unten: Lösung B zeigt eine interessante Möglichkeit für kleine Bahnen (Baugröße N oder Z). Die Anlagenplatte wird bei Nichtbetrieb ähnlich wie ein Kleidungsstück in den Schrank gehängt.

Wenn man schon etwas mehr als nur ein einfaches Gleisoval besitzt, macht es bereits Mühe, jedesmal zum Betrieb der Modellbahn die Gleise wieder einzeln zusammenzustecken und die Anschlußdrähte anzuschließen. Außerdem sieht es auch nicht gerade schön aus, wenn die Anschlußlitzen zwischen den Gleisen durchgeführt werden müssen und lose herumliegen.

Werden die Gleise auf dem Teppichboden verlegt, besteht zusätzlich Verschmutzungsgefahr durch Staub und Wollfusseln, liegen sie auf einer Tischplatte, so wird man sie – weil der Tisch zwischenzeitlich anderweitig benutzt werden muß – in der Regel laufend auf- und abbauen müssen, wenn man mal mit der Bahn spielen will. Außerdem verliert man durch Auf- und Abbau der Gleise Zeit, die man besser für den Fahrbetrieb nutzen könnte. «Mal eben zwischendurch Eisenbahn fahren» ist ganz einfach nicht drin, wenn erst ein umständlicher Aufbau der Anlage erforderlich ist; es besteht die Gefahr, daß man dann schnell die Lust am Eisenbahnspiel verliert. Ein weiterer Nachteil des ständigen Auf- und Abbaus der Gleise ist das übermäßige Strapazieren des Gleismaterials, der Schienenverbinder und der Anschlußlitzen.

Bei einer festen Montage der Gleise auf einer Platte ist es dagegen auch möglich, eine praktische Bedienungshöhe für die Modell-

«Gleise niemals auf dem Teppich zusammenstecken, weil sich Wollfusseln oder Staub zwischen Rädern und Getriebe der Fahrzeuge festsetzen können und dadurch schnell Betriebsstörungen auftreten können.»

bahn-Anlage zu wählen. Dann schaut man nicht mehr aus der Vogelperspektive auf die Anlage herunter, sondern kann den fahrenden Zug fast aus Augenhöhe betrachten, sozusagen aus der Perspektive der «Mini-Menschen». Sie glauben nicht, um wieviel realistischer und dynamischer ein fahrender Modellzug aussieht, wenn man ihn aus diesem Blickwinkel betrachtet.

Das sind nur einige von vielen Vorteilen, die der ständige (= stationäre) Aufbau einer Modellbahn-Anlage mit sich bringt. So stellt sich also schon bald die Frage: Wo und wie kann man die Modellbahn so aufbauen, daß sie ständig betriebsbereit ist? Die Antwort: auf einer Platte, auf der die Gleise montiert und die Kabel und Anschlußlitzen unterhalb der Platte verlegt werden. Diese Platte kann man dann, wenn sie aus Raummangel keinen ständigen Platz auf zwei Bock-Untergestellen hat, bei Nichtbetrieb der Anlage in einer Ecke, auf oder im Kleiderschrank oder unter den Betten abstellen, um nur einige wenige praktikable Lösungen zu nennen.

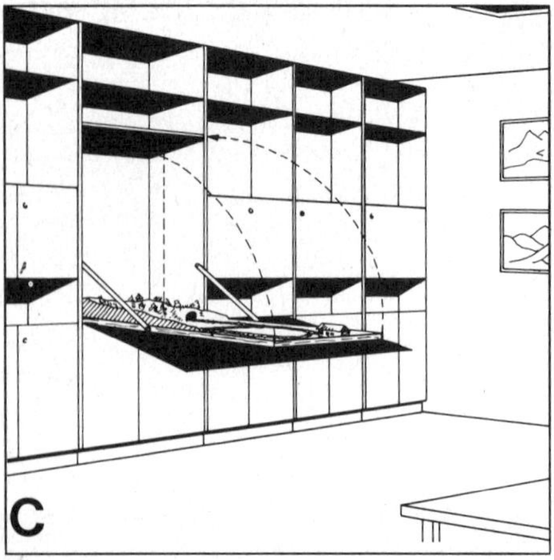

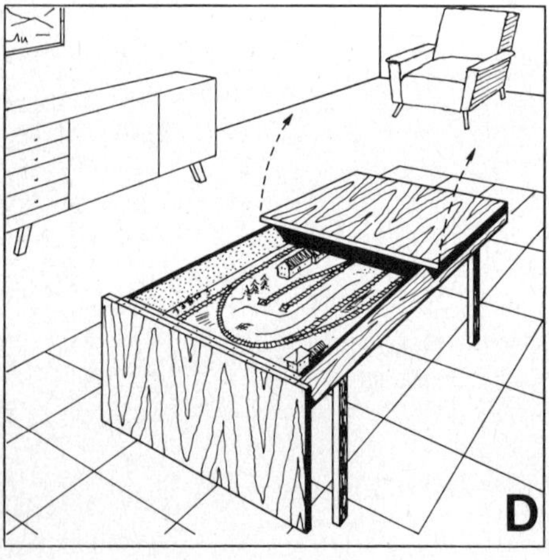

Oben: Lösung C bietet sich für das Unterbringen der Modellbahn in Arbeits- oder Wohnräumen an: Die Anlage wird als Klappkonstruktion ausgeführt (ähnlich wie eine Schreibtischplatte).

Unten: Lösung D zeigt einen originellen Vorschlag für Z- oder N-Anlagen: Die Bahn wird in einen Tisch eingebaut und bei Nichtbetrieb durch eine Tischplatte aus Holz oder Glas abgedeckt.

Bevor wir uns nach einem «Parkplatz» für die Anlagenplatte umsehen, müssen wir zunächst einmal die Größe der Platte bestimmen – besser gesagt: die Mindestgröße. Die Grundplatte sollte in jedem Fall auf allen vier Seiten etwa 5 cm breiter sein als die größten Abmessungen der Gleisanlage. Wenn man es platzmäßig vertreten kann, sind die Abmessungen sicherheitshalber so groß wie möglich zu wählen, um für später geplante Erweiterungen genügend Reservefläche zu haben. In Baugröße Z oder N ist das vielfach ohne größere Schwierigkeiten möglich: Bei einer H0-Anlage muß man jedoch in der Regel um jeden Quadratzentimeter Platz feilschen.

Liegen die Abmessungen der Grundplatte fest – zum Beispiel 90 cm × 190 cm bei einer H0-Bahn oder 50 cm × 120 cm für eine N-Bahn –, dann überlegen wir, wo diese Platte innerhalb der Wohnung untergebracht werden kann. Haben Sie selbst schon einen bestimmten, noch ungenutzten Platz in der Wohnung ins Auge gefaßt, dann ist dieses «Problem» für Sie keines. Aber die Praxis sieht meist anders aus, und manche Hausfrau sagt zu Recht erst einmal: Für die Modellbahn haben wir doch keinen Platz in unserer Wohnung! Na bitte – da muß man sich also mit diplomatischem Geschick und konkreten Überlegungen etwas Originelles einfallen lassen – eine Lösung, die von allen akzeptiert wird.

Es gibt da eine Reihe praxisbewährter Vorschläge, die schon von vielen Modellbahnern verwirklicht wurden, die mit den gleichen Platzschwierigkeiten wie Sie zu kämpfen hatten. Und die heute seit Jahren glückliche Modellbahn-Anlagenbesitzer sind, weil sie die Schwierigkeiten durch zum Teil eigenwillige, aber dennoch einfache und praktische Lösungen gemeistert haben.

Hier sind ein paar Vorschläge. Die Zeichnungen auf diesen Seiten sollen Ihnen nicht nur Hinweise geben, sondern Sie auch zu weiteren eigenen Ideen und Lösungen anregen, die sich für Ihren speziellen Fall vielleicht noch besser eignen mögen.

Die Anlagenplatte könnte zum Beispiel auf einem Kinderbett aufliegen (Vorschlag A) und bei Nichtbetrieb (und natürlich nachts) an der dahinter liegenden Wand hochgeklappt werden. Eine stabile Wandbefestigung mit Leisten, Dübeln und Haken ist selbstverständlich Bedingung, damit die hochgeklappte Anlage nicht unbeabsichtigt herunterfallen kann. Dieser Vorschlag ist besonders für kleine H0-Anlagen empfehlenswert.

Für Z- und N-Anlagen bietet sich eher Lösung B an: Die Anlagengrundplatte entspricht hier den Innenmaßen eines Kleiderschranks und besitzt auf der einen Schmalseite einen kräftigen Haken, an dem die Anlage bei Nichtgebrauch wie ein Kleidungsstück auf der Kleiderstange aufgehängt wird. Eine originelle Idee, die nur etwa 20 cm Kleiderschrankbreite (zwei Anzugbreiten) beansprucht und die Anlage außerdem bei Nichtgebrauch schützt.

Oder Sie beziehen die Anlagenplatte (mit entsprechend angepaßtem doppelten Boden) in eine Schrankwand ein. Wenn Sie mit der Modellbahn fahren wollen, klappen Sie einfach die Platte wie eine Schreibtischklappe herunter. Bei größeren Abmessungen der

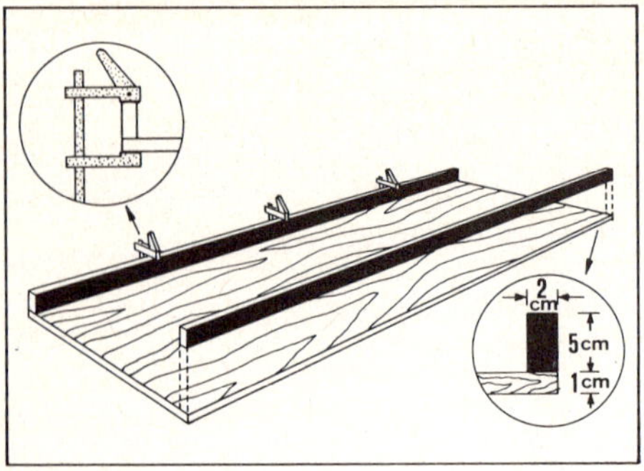

So baut man einen stabilen und doch nicht zu schweren Rahmen als Grundplatte für die Modellbahn. Benötigtes Material: Tischlerplatte, Leisten, Schraubzwingen und Leim.

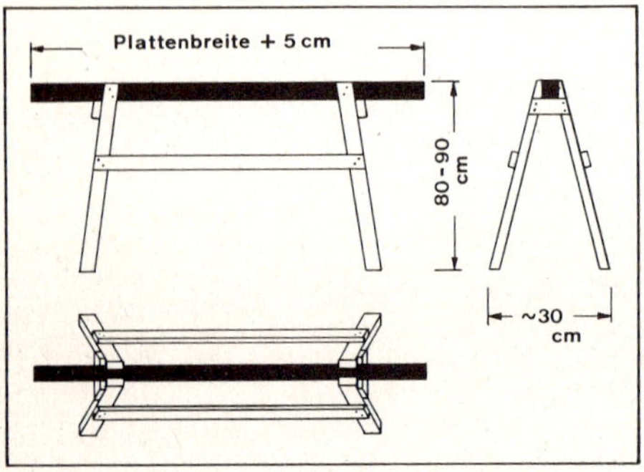

So werden Möbelfüße aus Vierkantrohr unter den Anlagenrahmen montiert. Man kann die Stützen durch ein Scharnier auch abklappbar befestigen.

Platte empfiehlt es sich, vorn zwei Stützfüße oder einen Stützbock unterzustellen (Vorschlag C).

Fast noch origineller ist Vorschlag D: Die Anlage wird auf einem Tisch fest aufgebaut, dessen Beine um etwa 15 bis 20 cm verkürzt werden. Dafür wird an den Kanten der Tischplatte eine Holzumrandung von entsprechender Höhe angeschraubt und eine zweigeteilte, abklappbare Tischplatte daran montiert. Diesem Tisch sieht man sein interessantes «Innenleben» nicht an, aber: Ist das Geschirr abgeräumt, dann wird die Platte zu beiden Seiten heruntergeklappt und die Modellbahn-Anlage ist sofort betriebsbereit. Auch gegen diese Lösung kann eine verständnisvolle Hausfrau eigentlich nichts einwenden.

Vier Ideen, die in der Praxis bewährt sind. Sicher fallen Ihnen noch ein paar ähnliche, vielleicht sogar bessere Lösungen zur Unterbringung der Anlagen-Grundplatte ein. Jedenfalls finden Sie mit Sicherheit einen «Parkplatz» für Ihre Modellbahn.

Nun geht es an den praktischen Aufbau der Platte. Um es gleich vorweg zu sagen: Eine mehrere Zentimeter dicke Spanplatte oder

Die Bauskizze zeigt genau, wie man's macht, um Platte und Leisten zu einem stabilen Anlagenunterbau zusammenzufügen. Eingesägte Schlitze erleichtern die Kabeldurchführung unter der Platte.

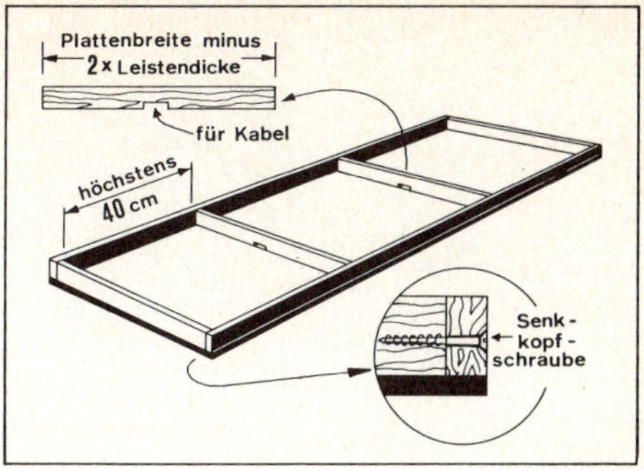

Zwei selbstgebaute Böcke dienen als Auflage für die Grundplatte. Material: Holzleisten mit einem Querschnitt von mindestens 5 × 2 cm. Ähnliche Böcke kann man auch fertig kaufen.

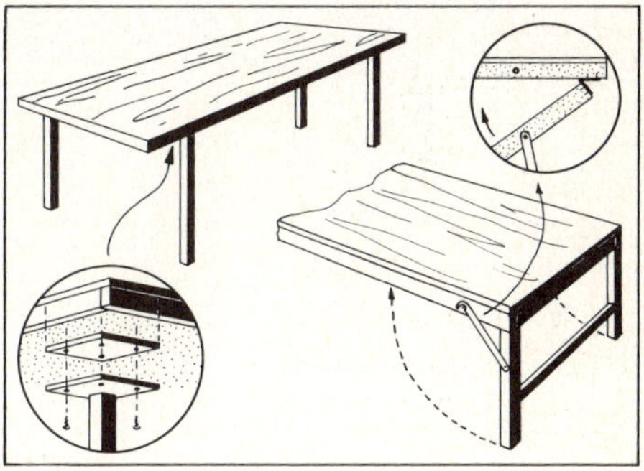

Tischlerplatte ist nicht der richtige Untergrund – solche Platten sind nur unnötig schwer und verbiegen sich bei größeren Flächen trotzdem nach kurzer Zeit. Viel besser ist es, eine 8 bis 10 mm starke Sperrholzplatte auf einen Leistenrahmen zu kleben oder zu schrauben. Das bringt wesentlich weniger Gewicht und trotzdem mehr Stabilität. Sperrholz ist außerdem geeigneter als Spanplatte oder gar Hartfaserplatte, weil man Sperrholz leichter nageln und schrauben kann. – Das Material bekommen Sie fertig zugeschnitten im Heimwerkerladen oder in den Bastelbedarf- bzw. Holzabteilungen großer Kaufhäuser.

«Als Anlagen-Grundplatte nimmt man zweckmäßigerweise eine etwa 10 mm dicke Sperrholzplatte, die auf einen Leistenrahmen geschraubt oder geklebt wird. Dickere Platten ohne Rahmen sind zu schwer und biegen sich trotzdem schnell durch.»

Die Leisten, die hochkannt unter der Platte befestigt werden, sollten keinen kleineren Querschnitt als 5 × 2 cm haben, damit sie sich

auch unter ungünstigen Bedingungen nicht durchbiegen. Platte und Leisten kann man fertig auf die richtige Länge zuschneiden lassen; zumindest bei der Platte ist das ratsam, dagegen lassen sich die Leisten leicht auch selbst mit einer kleinen Handsäge auf die richtige Länge bringen.
Wenn Sie sich im Haus schon mal als Heimwerker mit kleineren Holzarbeiten beschäftigt haben, geht Ihnen diese Arbeit anhand der Skizzen leicht von der Hand; andernfalls halten Sie sich an die nachfolgende Anleitung. Sie zeigt Ihnen, wie Sie es machen können, damit die Arbeiten auf Anhieb klappen und nichts schiefgeht.
Zunächst legen Sie die vom Tischler genau winklig zugeschnittene Sperrholzplatte auf einen ebenen Untergrund, beispielsweise auf einen ausreichend großen Küchentisch oder direkt auf den Fußboden. Dann werden die beiden äußeren Längsleisten, die genau die gleiche Länge wie die Platte haben müssen, an je einer Schmalseite mit dickflüssigem Weißleim eingestrichen (z. B. «Ponal» von Henkel) und mit den Kanten bündig passend aufgedrückt. Der Leim benötigt etwa eine halbe Stunde bis er anzieht («abbindet»). Während dieser Zeit sollte man Leisten und Platte mit einigen Schraubzwingen befestigen oder durch Gewichte beschweren, damit die Leisten auch wirklich überall fest aufliegen und kleben. Man kann auch von der Plattenoberseite zusätzlich ein paar Nägel einschlagen, um die Wartezeit zu verkürzen bis der Leim getrocknet ist.
Nach einigen Stunden – wenn der Leim gut getrocknet ist – können wir weiterarbeiten. Jetzt kommen die Querstreben an die Reihe. Sie entsprechen in ihrer Länge genau der Plattenbreite abzüglich der zweifachen Stärke der bereits aufgeklebten Leisten, weil sie ja zwischen diese stramm eingepaßt werden müssen.
Bevor die Querleisten jedoch ebenfalls auf die Platte geklebt werden, sägen wir in ihrer Mitte jeweils eine kleine Vertiefung ein, die später als «Kabelkanal» für das Durchziehen der Drähte und Litzen dient, denn diese sollen ja verdeckt unter der Plattenoberfläche entlanggeführt werden.
Der Abstand dieser Querversteifungsleisten untereinander sollte nicht größer als 35 bis 40 cm sein, damit sich die darüber liegende Sperrholzplatte später auf keinen Fall durchbiegen kann.
Wenn wir besonders sorgfältig und fachmännisch vorgehen wollen, sehen wir seitlich an den vier Ecken des Leistenrahmens noch zusätzlich eine Schraubverbindung vor. Die Schraubenlöcher (für Senkkopfschrauben etwa 5 × 30 mm) werden mit einem kleinen Handbohrer rund 10 bis 15 mm tief vorgebohrt, damit die Schrauben beim Eindrehen leichter fassen, ohne daß das Holz aufreißt.
Ja, und damit ist die Grundplatte

für unsere kleine Anlage schon fertig. Eigentlich war es gar nicht soviel Arbeit, um eine solide Grundplatte für die Anlage zu schaffen. Doch wohin nun damit, wenn die Bahn in Betrieb genommen werden soll?

Man könnte sie zum Beispiel einfach auf zwei nebeneinander gestellte Tische legen; das wäre aber keine ideale Lösung. Besser ist es, die Anlagenplatte auf zwei Böcke zu legen. Solche Auflageböcke kann man fertig kaufen oder aber aus einigen Leisten selbst zusammenleimen und -schrauben. In der Skizze ist ein Bock mit seinen wichtigsten Abmessungen gezeigt, so daß Sie anhand dieser Unterlagen gut zurechtkommen.

Man kann auch Vierkantrohr-Füße unter die Platte schrauben; diese Füße («Möbelfüße») gibt es in Kaufhäusern und Heimwerkerläden in verschiedenen Längen, in Schwarz oder verchromt. Sie besitzen am oberen Ende eine Auflageplatte mit vier Bohrungen für die Befestigungsschrauben. Da man die Schrauben nicht direkt in die dafür zu dünne Sperrholz-Anlagengrundplatte schrauben kann, klebt man zuvor ein etwa 1 cm dikkes Brettchen in den Maßen der Fußplatte von unten unter die Grundplatte – dann haben die Befestigungsschrauben den nötigen Halt an der nunmehr verstärkten Stelle.

Soll unsere Anlagengrundplatte bei Nichtbetrieb weggestellt werden, so sind starr befestigte Füße natürlich unpraktisch und unbrauchbar. Für diesen Fall müssen wir abschraubbare oder abklappbare Stützen vorsehen, die mit kräftigen Scharnieren oder Scharnierbändern («Klavierband») an den Stirnwandleisten der Grundplatte mit genügend langen und kräftigen Schrauben befestigt werden. Auch hierfür ist zeichnerisch ein Bauvorschlag dargestellt.

Nachdem die Holzarbeiten nun geschafft sind – manchem hat es schon sicherlich ein wenig zu lang gedauert –, kann endlich mit dem Montieren der Gleisanlage begonnen werden, denn schließlich soll der Eisenbahn-Spielbetrieb auf der Platte die Hauptsache bleiben.

Nun liegt also die fertige Grundplatte vor uns und wartet auf das Verlegen der Gleisstücke und das Anschließen der Litzen und Drähte. Das soll der nächste Arbeitsgang sein. Nachdem wir uns inzwischen – wie im vorigen Kapitel beschrieben – einen Gleisplan entworfen und die erforderlichen Gleise und Weichen, die noch fehlten, hinzugekauft haben, legen wir jetzt die gesamten Gleise auf der Platte in der geplanten Anordnung zurecht. Wir achten darauf, daß am vorderen Plattenrand rechts oder links in der Ecke genügend Platz frei bleibt zum Aufstellen des Fahrpults, der Weichenstellschalter usw.

Dann werden die Gleise sorgfältig zusammengesteckt, denn sie sollen ja festgeschraubt werden. Wenn eine Schienenverbinderla-

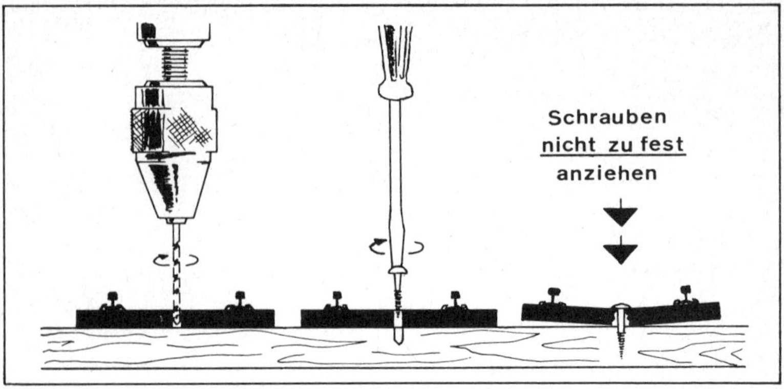

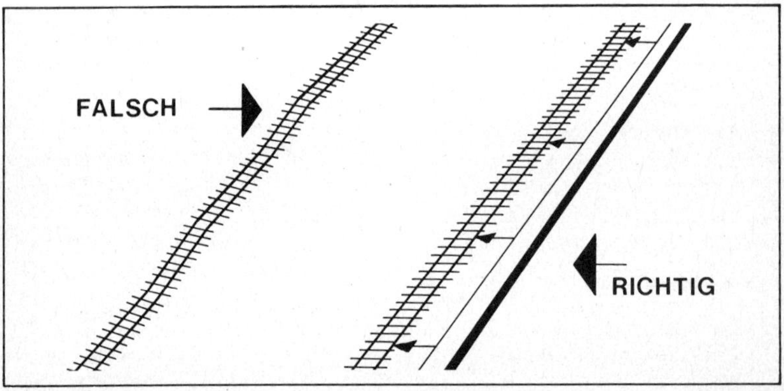

Oben: Mit etwas Gefühl erfolgt das Anschrauben (nicht Nageln) der Gleisstücke auf der Anlagengrundplatte; die Schräubchen dürfen nicht dicker sein als die Bohrungen in den Schwellen.

Durch Anlegen einer genau geraden Leiste lassen sich mehrere gerade Gleisstükke ganz einfach verlegen, ohne daß Knicke in der Gleisführung entstehen.

sche jetzt nicht ordentlich sitzt, haben Sie später an dieser Gleisverbindungsstelle vielleicht Betriebspannen durch Stromunterbrechung oder es besteht womöglich Entgleisungsgefahr. Also die Gleise bitte besonders sorgfältig zusammenstecken! Jetzt wird die fertig zusammengebaute Gleisanlage nochmals durch «Überfahren» mit einem Finger auf den Schienenköpfen überprüft, ob auch kein Gleis verkantet aufliegt (man kann auch einen Wagen zum

«Gleise werden nach dem Zusammenstecken und Ausrichten mit kleinen Schräubchen in den dafür vorgesehenen Schwellenbohrungen auf der Anlagengrundplatte befestigt. Keine Nägel verwenden, weil sonst Beschädigungsgefahr der Gleise besteht.»

Probelauf langsam über die Gleise schieben); dann können die einzelnen Gleisstücke endgültig befestigt werden.

In den Schwellen befinden sich zu diesem Zweck kleine Bohrungen (meist zwei je Gleisstück), die zur Aufnahme von kleinen Schräubchen bestimmt sind. Diese Schrauben werden vom jeweiligen Modellbahn-Gleishersteller in der Regel als Zubehör im Katalog angeboten, können aber auch in jedem Heimwerkergeschäft gekauft werden (Abmessungen: Länge etwa 8 mm, Rundkopf, bei Märklin-H0-Metallgleisen etwa 15 mm Länge). Mit einer spitzen Nadel piekt man die Löcher auf die Grundplatte durch, damit die Schrauben leichter durchgesteckt und schon etwas eingedrückt werden können. Wer will, kann dazu auch eine leichte Handbohrmaschine mit 1-mm-Bohrer verwenden. Den Bohrer dann aber bitte nur mit zwei oder drei Umdrehungen in die Grundplatte eindrehen: Die Bohrung darf auf keinen Fall ganz durch die Grundplatte hindurchführen, sonst halten die Schräubchen nicht mehr. Also mit viel Gefühl und ohne zu großen Druck mit der Bohrmaschine arbeiten.

Bei der endgültigen Gleisverlegung ist größte Sorgfalt auf einen geraden Gleisverlauf zu legen, denn nichts sieht unschöner aus als eine im Zickzack verlegte Gleisstrecke, die aus geraden Gleisstücken besteht und demzufolge auch wirklich gerade verlaufen sollte. Deshalb besorgen wir uns als Hilfsmittel eine schnurgerade Leiste von etwa einem Meter Länge. Zur Prüfung halten wir sie mit einem Ende ganz dicht ans Auge und peilen über die Längskante. So kann man leicht feststellen, ob die Prüfleiste wirklich gerade ist und damit geeignet zum Ausrichten der Gleisstücke.

Um einen geraden Streckenverlauf zu erreichen, müssen wir dann die Leiste so auflegen, daß die eine Außenkante der Schwellen bzw. des Gleiskörpers dicht an der Leiste anliegt. Ist das der Fall, können die Gleise angeschraubt werden. Aber bitte nicht zu fest, damit sich die Gleise nicht verbiegen oder gar die Schwellen brechen. Lieber eine Schraubenumdrehung weniger als eine zuviel.

Nun ist unsere Gleisanlage also endlich fest montiert. Was nun? – Die Kabel vom Anschlußgleis und von den elektrisch betätigten Weichen liegen jetzt noch lose auf der Platte. Wie schließt man sie am Fahrpult und an den Weichen-Stellpulten an, ohne sie über die

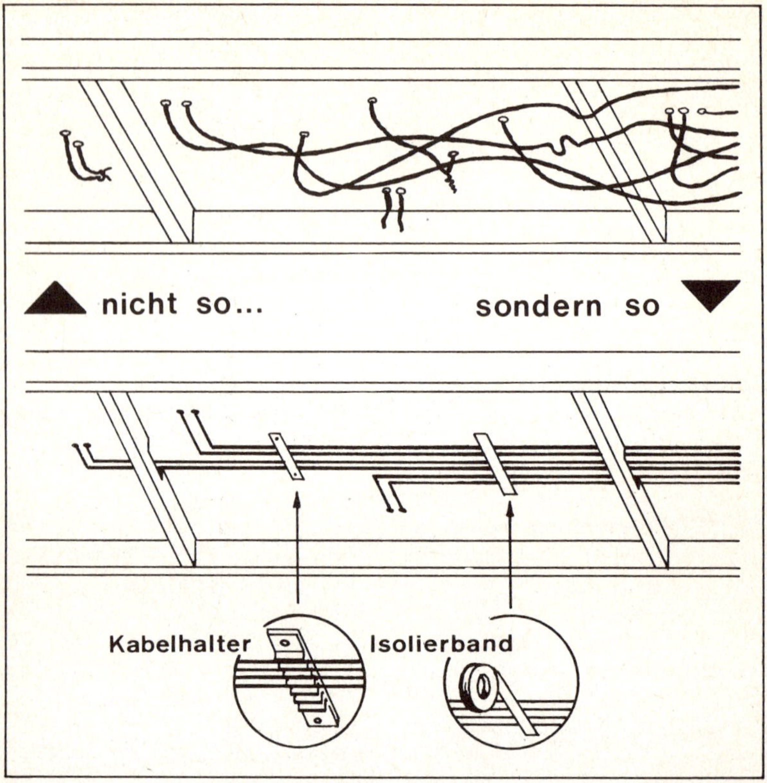

Ordentlich sollte es auch unter der Anlagengrundplatte aussehen: Kabel und Litzen sind immer geordnet und gut befestigt zu verlegen.

Gleise zu legen? Das geht doch schließlich nicht. – Richtig! Und jetzt zeigt sich einer der Vorteile der fest auf der Platte montierten Gleise. Wir lassen die Kabel überall da, wo sie an Gleisen und Weichen angeschlossen sind, unter der Sperrholz-Grundplatte einfach «verschwinden» und vorn am Fahrpult wieder «aus der Versenkung auftauchen».

Eine prima Idee, zu deren schneller Verwirklichung wir nur einen kleinen Handbohrer oder eine Handbohrmaschine mit 1,5-mm- oder 2-mm-Bohrer benötigen.

An den entsprechenden Stellen bohren wir in die Grundplatte je

Anschlußdraht ein kleines Loch und ziehen die Litzen vorsichtig ohne Gewaltanwendung nach unten durch. Eventuell angeschraubte Stecker werden vorher natürlich vorübergehend abgeschraubt, da sie nicht durch die verhältnismäßig kleinen Bohrungen passen; andererseits sollen die Löcher ja auch nicht unnötig und unschön groß ausfallen. Befindet sich an der Bohrstelle unter der Platte zufällig eine der Querleisten, so müssen wir mit der Bohrung einige Zentimeter nach rechts oder links seitlich ausweichen.

In der Nähe des Fahrpults (in jedem Fall außerhalb des Gleisbereichs) bohren wir ebenfalls entsprechend viele Löcher durch welche die Litzen von unten wieder hindurch gezogen werden. Nur nicht zu stark an den dünnen Litzen reißen, sonst kann es passieren, daß es an irgendeiner nicht gleich auf den ersten Blick auszumachenden Stelle Kabelbruch und damit eine Stromunterbrechung gibt. Also auch hier gilt wieder: Mit Gefühl und sorgfältig arbeiten!

Damit es auch unter der Anlagengrundplatte ordentlich ausschaut, verlegen wir alle Litzen nach Möglichkeit rechtwinklig entlang den Leisten. Jetzt werden Sie auch zu schätzen wissen, warum wir eingangs in die Querleisten zwischen Platte und Leisten kleine Vertiefungen vorgesehen haben: Hier werden die Litzen durchgeführt und haben damit gleichzeitig den nötigen Halt gegen unerwünschtes Durchhängen nach unten. Zusätzlich kann man sie auch mit etwas Isolierband unter der Platte anheften. Wer es besonders professionell machen will, kann dazu spezielle Kabelhalter verwenden, die z. B. von den Modellbahn-Firmen Arnold und Brawa für diese Zwecke angeboten werden.

Sollte sich beim Verlegen herausstellen, daß eine Litze zu kurz ist, sie also gar nicht bis ans Stellpult oder Fahrpult geführt werden kann – was dann, wenn man keinen elektrischen Lötkolben zur Verlängerung der Litzen besitzt? – Da ist guter Rat nicht teuer: wir besorgen uns im Modellbahn-Fachgeschäft kleine Stecker mit den zugehörigen Buchsen (z. B. Fabrikat Märklin oder Brawa) und befestigen diese an den zu verlängernden Litzen, die dann einfach zusammengesteckt werden können. Das notwendige vorherige Abisolieren der Litzen wurde schon in Kapitel 2 beschrieben, so daß Ihnen diese kleine, aber wichtige Arbeit nicht mehr unbekannt ist. Auf keinen Fall sollten Sie Drahtenden durch «Zusammenwürgen» verbinden, denn das führt auf die Dauer nur zu schlechten Kontakten und damit zu Betriebsstörungen. Immer langsam und sorgfältig arbeiten, dann gibt es keine Pannen.

Der Anschluß der Litzen erfolgt wie anfangs beschrieben und bereitet deshalb jetzt keine Schwierigkeiten mehr für Sie. Die An-

Das «Vario»-Grundplattensystem der Modellbahn-Zubehörfirma Noch besteht aus jeweils vier fest miteinander verbindbaren stabilen Panzerplattenkartons mit einer Gesamtfläche von 200 × 120 cm. Die Platten sind auf der Oberseite mit Kunstgras beflockt.

Modellbahnzubehör-Hersteller Faller bietet zwei komplette Rahmensätze an (98 × 68 cm und 68 × 49 cm), mit denen sich Anlagenplatten von beliebiger Größe durch mitgelieferte Schraubenverbindungen schnell zusammenbauen lassen.

Das Faller-Tischgestell für die Auflage der Eisenbahn-Grundplatte besteht aus fertig zugeschnittenen Holzleisten.

Mit speziellen Plastikformteilen und Eckverbindern können die Leisten des Faller-Tischgestells zu Gestellen beliebiger Abmessungen zusammengebaut werden.

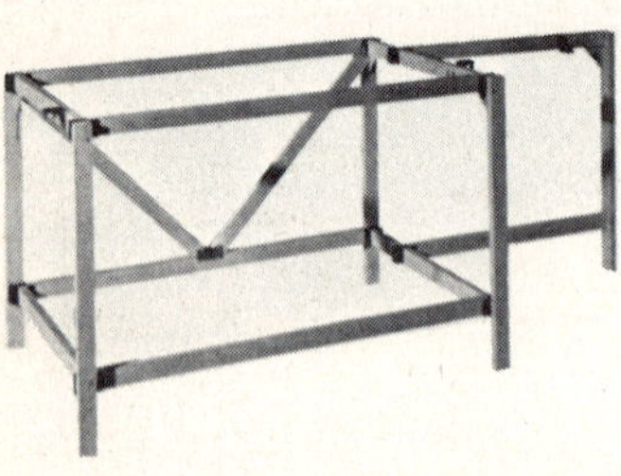

schlüsse elektromagnetisch betätigter Weichen sind in den Gebrauchsanleitungen der einzelnen Fabrikate so deutlich dargestellt und farbig gekennzeichnet, daß Sie diesen «Drahtverhau» ebenso leicht bewältigen.

Nach Anschluß der Litzen für die Weichen überprüfen wir jeweils direkt deren Funktion – wenn alles klappt, können die Litzen für die nächste Weiche angeschlossen werden.

Ja – nun ist es geschafft. Die fest montierte Modellbahn-Anlage steht jederzeit spielbereit zur Verfügung – nur die Fahrzeuge müssen Sie noch auf die Gleise stellen und den Netzstecker des Fahrpults in die Lichtsteckdose, und der Betrieb kann losgehen. Der kleine Abstecher ins Schreinerhandwerk hat sich gelohnt, denn künftig können Sie Bahn fahren wann Sie wollen. Der lästige Auf- und Abbau der Gleisanlage entfällt damit. Es hat sich also gelohnt, mal ein paar Heimwerkerstunden zu investieren, um die Modellbahn richtig und fachgerecht aufzubauen. Nun sind wir einen großen Schritt weiter auf dem Weg zu einer «echten» Modelleisenbahn-Anlage.

Bevor wir unserem Wissensdurst und Basteldrang weiter die Zügel lassen, fahren wir erst einmal auf der «neuen Anlage» mit unserem Zug und probieren – jetzt schon als Könner – nochmals die Rangierfahrten durch, die wir vorher mühsam auf dem Teppich kniend absolviert haben.

Übrigens – noch ein Tip vorweg: Wenn Sie schon jetzt Interesse an einer einfachen, aber dekorativen

Dieses Bild zeigt eine von vielen Möglichkeiten des Faller-Anlagenbausystems: ein großes Unterbaugestell für eine winkelförmige Anlage, auf der bereits die Faller-Rahmenbausätze (ohne Platten) aufgelegt sind.

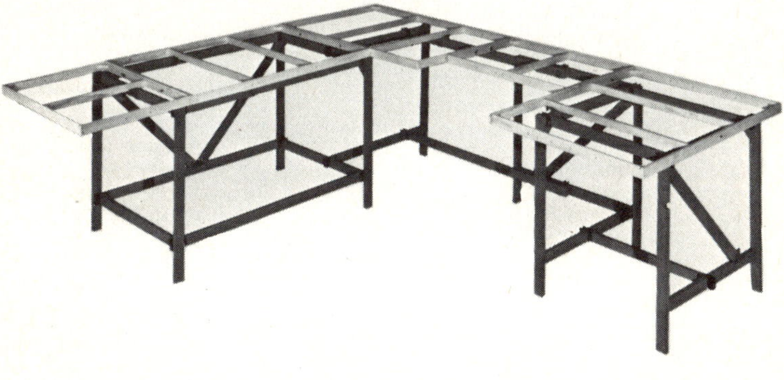

Landschaftsgestaltung haben, dann blättern Sie vor dem Verlegen der Gleise mal schnell weiter bis Kapitel 10.

Nun mag für manchen die Arbeit am Grundrahmen doch noch mit zuviel Aufwand verbunden sein. Vielleicht liegen dem einen oder anderen Holzarbeiten weniger oder räumlich beengte Verhältnisse zwingen vielleicht dazu, Staub- und Schmutzentwicklung – die bei Holzarbeiten nun einmal anfallen – möglichst zu vermeiden. Sollten Sie deshalb auf einen ordentlichen Grundrahmen für die Anlage verzichten? – Keineswegs, denn es gibt zwei weitere Möglichkeiten, mit speziell für die Modellbahn entwickelten Fertigteilen sozusagen «ruck, zuck» einen stabilen Anlagengrundrahmen in verschiedenen Größen und Formen aufzubauen.

Die Modellbahn-Zubehörfirma Noch bietet zum Beispiel eine sogenannte Vario-Grundplatte an, die aus vier einzelnen Platten besteht, die bereits mit einem natürlich wirkenden künstlichen Grasteppich beflockt sind. Die Platten werden auf der Unterseite durch bereits montierte stabile Schnappverbinder zusammengesetzt; dadurch wird gleichzeitig ein unerwünschtes Durchbiegen der Platten verhindert. Als Auflage für die 200 × 120 cm große aus vier Teilen bestehende Platte kann man entweder einen alten Tisch oder fertige Montageböcke verwenden. Noch bietet auch speziell für diesen Zweck Anlagen-Standfüße aus Holz oder abklappbare Metallfüße an.

Noch universeller in den Aufbaumöglichkeiten ist das Grundplatten- und Gestell-Baumaterial des ebenfalls bekannten Modellbahn-Zubehörherstellers Faller. Diese Firma bietet über den Modellbahn-Fachhandel komplette Rahmensätze in zwei Größen an (98 × 68 cm und 68 × 49 cm). Vorgerichtete stabile Holzrahmen und entsprechend große Panzerkartonplatten werden mit beigegebenen Nägeln und Spezialklebstoff zu einer soliden Grundplatte zusammengefügt. Diese Faller-Rahmenplatten dienen als Grundeinheit für einen Ausbau in beliebiger Größe; sie sind mit beigegebenen Verbindungsschrauben längs- und querverschraubbar und wieder trennbar. Die zum Zusammenbau mehrerer Plattenrahmen mittels Schrauben erforderlichen Bohrungen in den Rahmenleisten sind bereits vorhanden, so daß praktisch keine «unangenehmen» handwerklichen Arbeiten für den Bastler auszuführen sind. Die wenigen Klebe- und Nagelverbindungen kann jeder schnell ausführen, zumal sie in einer ausführlichen Anleitung, die den Rahmenpackungen beiliegt, genau beschrieben sind.

Wohin nun mit diesem Rahmen? – Auch daran hat Faller gedacht und eine ebenso zweckmäßige wie stabile Konstruktion in Form eines Tischgestelles geschaffen, das sich – wie die Platten – beliebig kombinieren und verbinden läßt bis zu Anlagen von großen Abmessungen. Passende Holzleistenzuschnitte werden zu Bauelementen zusammengeleimt; diese können mit Plastikformteilen und Leisten den Abmessungen aller Plattenkonstruktionen angepaßt werden. Das ist einfach, originell und praktisch. Und natürlich brauchen Sie auch hierzu keine Säge bei der Montage. Bequemer geht es eigentlich nicht mehr.

So gibt es für jeden Anspruch, für jeden Geschmack eine brauchbare Methode, um schnell und ohne große Mühe zu einer stabilen Anlagengrundplatte und einem ebenso soliden Untergestell zu kommen. Und beides ist erforderlich, wenn der weitere Aufbau und Ausbau der Modellbahn-Anlage auf Dauer befriedigend sein soll.

5. Ein großer Bahnhof

So kann ein kleiner Bahnhof auf einer Modellbahn-Anlage aussehen. Drei Gleise für Personen- und Güterzüge ermöglichen in Verbindung mit zwei Abstellgleisen bereits abwechslungsreichen Spielbetrieb.

Was ist das eigentlich – ein «Bahnhof»? Die Antwort gibt die große Eisenbahn; dort heißt es: Bahnhöfe sind Bahnanlagen mit mindestens einer Weiche, wo Züge beginnen, enden, ausweichen oder wenden dürfen. Das gilt natürlich gleichermaßen für die Modelleisenbahn zu Hause.
Welche Faszination geht von einem Bahnhof aus! Viele Gleise, ständiges Ankommen und Abfahren von Zügen, wartende Reisende mit schweren Koffern, Rangierbetrieb an der Güterhalle – kurzum: Hier ist richtiger Eisenbahnbetrieb und echte Bahnatmosphäre, wie sie wohl jeder schon erlebt hat. Ob sich das auch im Modell darstellen läßt? – Es geht, wenn man weiß, wozu dieser Gleiswirrwarr dient, was auf einem Bahnhof an Betriebsabläufen geschieht und wie man die wichtigsten Gleise und Betriebsgebäude auf einer Modellbahn-Anlage sinnvoll anordnet.
Ein Bahnhof gehört zu jeder Modellbahn-Anlage, denn nur hier kann man rangieren, Lokomotiven wechseln, Güterzüge zusammenstellen und Kurswagen an- und abkuppeln. Aber schon ein kleiner Vorbildbahnhof nimmt viel Platz auf der Anlage ein, selbst in den platzsparenden Baugrößen N und Z. Doch auf der Modellbahn, wo das «Weglassen» und «Verkürzen» eine notwendige Kunst ist, kann man auch auf das eine oder andere Gleis verzichten. Die Hauptsache ist, auf den vorhandenen Gleisen läßt sich ein möglichst vorbildnaher Betrieb abwickeln.
Dazu sollten Sie zunächst ganz kurz die wichtigsten verschiedenen Bahnhofsgrundformen und ihre Lage im Streckennetz kennenlernen, um sich dann den geeigneten Bahnhof für Ihre Modellbahn-Anlage nach Form und Größe auswählen zu können.

Der Haltepunkt

Haltepunkte zählen genaugenommen nicht zu den Bahnhöfen. Es gibt keine Weichen und nur lose aufgeschüttete Bahnsteige an ein- oder zweigleisigen Strecken und vielleicht noch eine kleine Wartehalle mit Fahrkartenschalter. Haltepunkte findet man heute vorzugsweise wieder an Vorort- oder S-Bahn-Strecken. Ihr Vorteil für die Modellbahn: kaum zusätzlicher Platzbedarf.

Der Durchgangsbahnhof

Der Durchgangsbahnhof ist die beim Vorbild am häufigsten anzutreffende Bahnhofsform. Ein solcher Bahnhof benötigt in jeder Richtung wenigstens ein Überholungsgleis für durchfahrende Güter- und Reisezüge sowie eine Ortsgüteranlage (= Güterschuppen). Vorteil für die Modellbahn: günstige Betriebsmöglichkeiten für fast alle Zugarten.

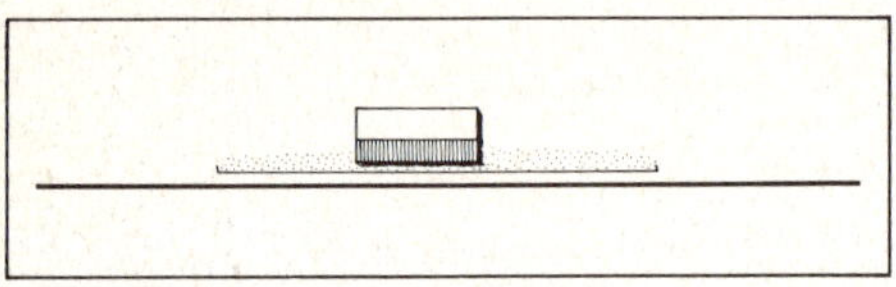

Zur linken Skizze: Ein Gleis, keine Weiche und nur ein angeschütteter Bahnsteig mit Wartehalle, das sind die äußeren Kennzeichen eines Haltepunkts.

Oben: Haltepunkt auf einer (mit Scheuerpulver) winterlich eingeschneiten Modellbahn-Anlage. Hier halten natürlich keine Schnellzüge.

Der Kopfbahnhof

Wesentliches Merkmal eines Kopfbahnhofs ist, daß Züge hier beginnen, enden oder «kopfmachen», d. h., der Zuganfang wird bei der Ausfahrt zum Zugende. Die Lok muß umgesetzt werden, falls es sich nicht um geschobene Wendezüge oder Triebwagen han-

«Ein Bahnhof ist mit der wichtigste Teil einer Modelleisenbahn-Anlage. Deshalb müssen seine Gleise und Gebäude besonders sorgfältig geplant werden. Bahnsteige sollen so lang sein, daß ein Zug mit wenigstens vier Wagen daran halten kann.»

delt. Vorteil für die Modellbahn: Im Kopfbahnhof kann viel rangiert werden und er ist platzsparender als ein Durchgangsbahnhof (z. B. in einer Anlagenecke).

Es gibt noch eine Reihe weiterer Bahnhofsformen, wie Kreuzungsbahnhöfe, Turmbahnhöfe, Abzweigstationen und andere, die in der Regel aber auch noch mehr

Unten: Ein in leichtem Bogen angelegter Durchgangsbahnhof auf einer landschaftlich schön gestalteten H0-Anlage.

Rechts: Musterbeispiel für einen kleinen Durchgangsbahnhof mit Empfangsgebäude, zwei Bahnsteigen und einem Gleis zum Güterschuppen.

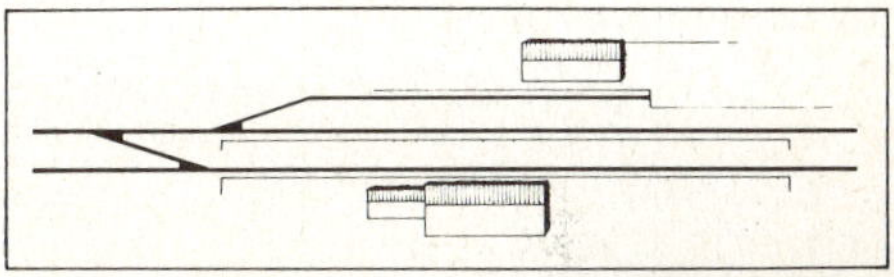

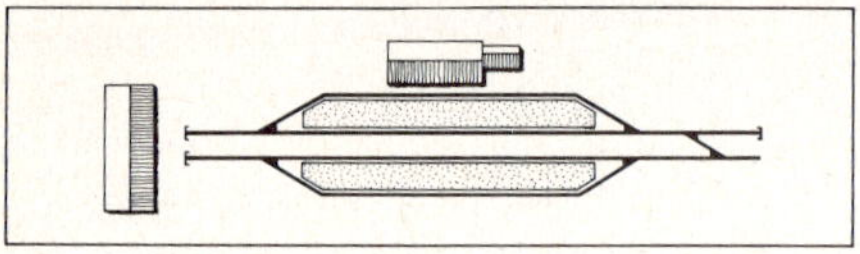

Oben: Der Kopfbahnhof einer kleinen Nebenbahn im H0-Baumaßstab 1:87. Alle Gleise enden am Prellbock. So kann ein Kopfbahnhof auf der Modellbahn-Anlage aussehen. Das Empfangsgebäude kann seitlich in Längsrichtung der Gleise oder «vor Kopf» quer zu den Gleisen aufgebaut werden.

Fläche beanspruchen und auf einer kleinen Anlage fehl am Platz sind.

Viel wichtiger für Sie und vor allem interessant für den Betrieb auf der Modellbahn sind die Güteranlagen – einfacher gesagt: Abstellgleise am Güterschuppen. Für einen kleinen Landbahnhof reichen schon ein bis zwei Gleise aus, um Wagen, die von einem Güterzug abgekuppelt werden, zur Be- und Entladung zur Güterschuppenrampe zu fahren und dort abzustellen. Noch abwechslungsreicher kann es sein, wenn man die von vielen Modellbahn-Herstellern angebotenen sogenannten Funktionsmodelle mit in den Spielbetrieb einbezieht. Das sind meist offene Güterwagen, die über eine spezielle Be- und Entladeanlage richtig mit feinkörnigem Ladegut beschickt und ferngesteu-

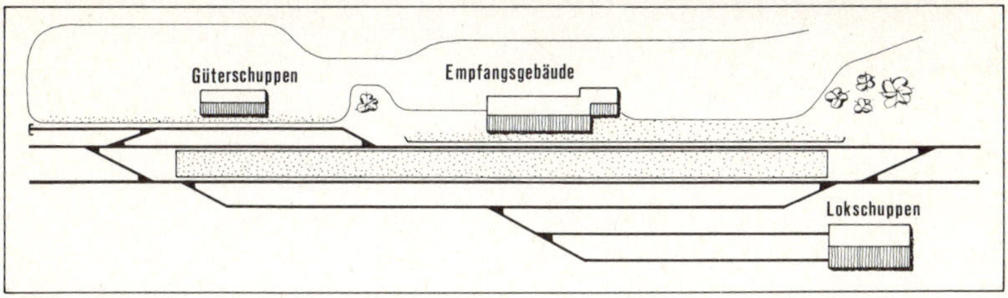

Oben: Auf jedem Dorfbahnhof findet sich ein Abstellgleis mit Güterschuppen, so wie es auf dieser H0-Anlage vorbildgetreu nachgebaut wurde.
Musterbeispiel für einen Durchgangsbahnhof an zweigleisiger Strecke mit Güterschuppen und doppelgleisigem Lokschuppen. Ein Gleisplan, der sich gut auch für kleinere Modellbahn-Anlagen zum Nachbau eignet.

ert entladen werden können. Besonders Kinder haben Spaß an diesen Ladevorgängen, bei denen sich wirklich «etwas tut».
Mehr als ein paar Gleise für Güterwagen wird man sich anfangs aus Platzgründen sowieso nicht leisten können, denn richtige Rangierbahnhöfe mit Ablaufberg und vielgleisigen Abstellgruppen für das Zusammenstellen und Auseinanderziehen von Güterzügen würden mehrere Quadratmeter an Fläche beanspruchen – und wer

hat schon soviel Platz?
Denn in einem richtigen Bahnhof soll ja außerdem noch ein Lokschuppen Platz finden. Diese «Garage für Lokomotiven» gibt es heutzutage zwar nur noch in unmittelbarer Nähe großer Bahnhöfe, aber auf der Modellbahn-Anlage kann man diesen kleinen Kompromiß als Zugeständnis an die Vergangenheit schon noch schließen, denn schließlich muß eine Lok geschützt untergestellt werden können. In einem kleinen Bahnbetriebswerk (Bw) findet man vor dem Lokschuppen – wenn hier Dampfloks abgestellt werden sollen – auch noch einen Wasserkran und ein Kohlenlager. Dieses Zubehör gibt es ebenfalls im Modellbahn-Fachgeschäft. Alles, was zu einem richtigen Bw gehört, findet man in den Katalogen der Zubehör-Hersteller (s. a. Übersicht am Schluß des Buches).
Wie Güterschuppen und Bw an die Bahnhofsgleise angeschlossen werden, zeigen einige Bildbeispiele auf diesen Seiten. Es sind Vorschläge, die möglichst wenig Platz beanspruchen, aber trotzdem viel Betrieb möglich machen – also genau richtig für den Anfang einer kleinen oder mittleren Modellbahn-Anlage.
Bevor Sie die Bahnhofsgleise nun fest auf die Grundplatte montieren (wie in Kapitel 4 beschrieben), sollten Sie die Gleise erst einmal zusammenstecken und einzelne Rangierfahrten ausführen. Sicher stellen Sie dann fest, daß ein Gleis vielleicht ein wenig kurz bemessen, daß zuwenig Platz für das Bahnhofs-Empfangsgebäude vorhanden oder daß der Zug ganz einfach viel länger als der geplante Bahnsteig ist – Fehler, die man jetzt noch leicht beseitigen kann.
Damit sind wir auf zwei wichtige Punkte gestoßen, die bei der Bahnhofsplanung unbedingt berücksichtigt werden müssen: Lage und Größe des Bahnhofs-Empfangsgebäudes und die Länge der Bahnsteige, die als Nutzlänge oder Nutzkantenlänge des Bahnsteigs bezeichnet wird. Generell kann man sagen: Bahnsteige sollten so lang wie irgend möglich sein, damit beispielsweise auch ein D-Zug mit wenigstens vier Wagen am Bahnsteig halten kann, ohne daß die Lok und der letzte Wagen schon auf einer Weiche stehen und damit unter Umständen den gesamten Betrieb im Bahnhof blockieren.
Die Bahnsteiglänge ist natürlich vom vorhandenen Platz abhängig. Aber es gibt einige Tricks, wie man bei gleicher Bahnhofslänge die Bahnsteige ausreichend lang einplanen kann: in erster Linie durch den Einbau von Bogenwei-

«Bogenweichen helfen bei der Planung eines Bahnhofs viel Platz sparen, weil sie schon im Gleisbogen außerhalb der geraden Bahnhofsgleise eingebaut werden können.»

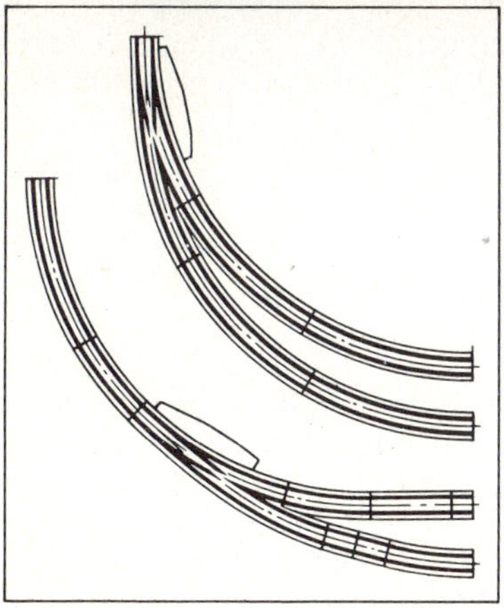

Oben: Richtige Nebenbahn-Romantik geht von diesem Bild aus. Dampflokschuppen, Wasserkran und Kohlenlager gehören zu jedem kleinen Bahnbetriebswerk auf Modellbahn-Anlagen mit Dampflokmodellen.

Links: Bogenweichen sind praktisch, weil sie viel Platz sparen helfen. Denn Bogenweichen können schon im Halbkreis vor der Bahnhofsgeraden harmonisch eingebaut werden, d.h. ohne «Knicke» in der Gleisführung.

chen. Sie sparen viel Platz, weil damit schon vor Beginn der geraden Bahnsteiggleise die erforderlichen Weichen im Halbkreis vor der Bahnhofseinfahrt bzw. in der Bahnhofsausfahrt angeordnet werden können. Sehen Sie sich einmal die Skizzen an, dann wissen Sie, warum Bogenweichen gerade auf kleinen Modellbahn-Anlagen so wichtig und praktisch sind. In den Gleisplanbroschüren der Modellbahn-Hersteller sind darüber hinaus noch viele weitere Beispiele für platzsparende Lösungen mit Bogenweichen angeboten.

Bahnsteige kann man als Plastik-Bausatzpackungen fertig kaufen, doch passen diese konfektionierten Bausätze in der Regel nur für gerade Streckengleise, aber nicht für verschiedene Gleisbogen. Was nun? Kann man einen Bahnsteig

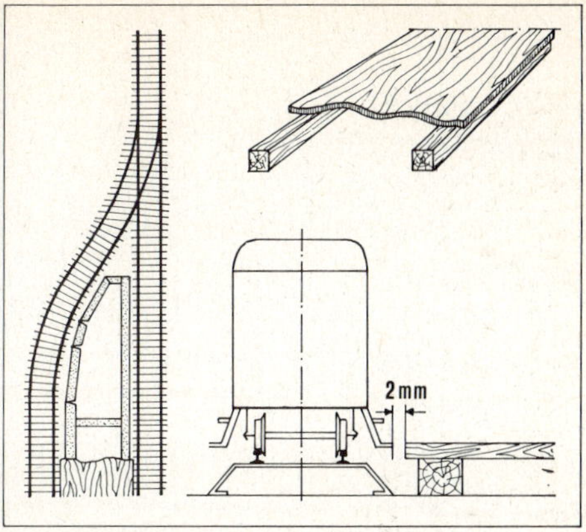

So kann man aus Sperrholz und kleinen Vierkantleistchen Bahnsteige in jeder gewünschten Abmessung selbst bauen. Wichtig ist ein Sicherheitsabstand zwischen Bahnsteigkante und breitestem Fahrzeug.

Links: Das «Bahnhofsviertel» in einem kleinen ländlichen Vorort. Sogar Parkplätze für Mini-Autos (Fabrikat Wiking) wurden auf dieser kleinen H0-Anlage nicht vergessen.

auch selbst bauen? – Sicher, das ist gar nicht schwierig und auch nicht teuer. Man kauft sich in einem Heimwerkerladen Holzleistchen (z. B. 10 × 10 mm für H0 oder 5 × 5 mm für N) und klebt sie als Bahnsteigbegrenzung zwischen die entsprechenden Gleise auf die Anlagengrundplatte. In Höhe der gebogenen Gleisstücke sägt man die Leisten, wie in der Skizze dargestellt, auf der später nicht mehr sichtbaren Innenseite alle drei bis fünf Zentimeter keilförmig ein, damit sie sich leicht dem Gleisbogen anpassen lassen. Darauf wird dann eine etwa 3 bis 4 mm dünne Hartfaser- oder Sperrholzplatte aufgeklebt. Bei geraden Gleisstücken läßt sich die größtmögliche Bahnsteigbreite leicht durch einen Versuch ermitteln: Man stellt auf die beiden Gleise rechts und links vom Bahnsteig

Ein H0-Bahnsteig aus Kunststoff, passend für alle Modellbahn-Fabrikate. Bahnsteige sollten nach Möglichkeit etwas länger sein, damit mehr als zwei D-Zug-Wagen an der Bahnsteigkante halten können.

die breitesten Fahrzeuge (meist Dampfloks oder Wagen mit breiten Trittstufen), läßt auf jeder Seite einen Sicherheitsabstand von etwa 2 mm frei und hat dann die gewünschte Bahnsteigbreite. Mit mattgrauer Farbe gestrichen, und fertig ist der maßgeschneiderte Bahnsteig, das erste selbstgebaute Zubehör für die Modellbahn-Anlage.

An gebogenen Gleisen ermittelt man die gewünschte Bahnsteigbreite auf ähnliche Weise durch Schieben eines Fahrzeugs, indem man zum Beispiel einen Bleistift senkrecht am breitesten Teil des Fahrzeugs anhält und damit den genauen Abstand zur Bahnsteigkante festlegt.

Ein Bahnsteig mit Bahnsteigkante wird in der Regel schon durch die Grundplatte des Bahnhofs-Empfangsgebäudes im Bausatz mitgeliefert; man könnte sie erforderlichenfalls nach der beschriebenen Methode noch verlängern. Da gerade vom Bahnhofsgebäude die Rede ist: Denken Sie daran, daß auf dessen Straßenseite ebenfalls etwas Platz freigehalten werden muß, um eine Zufahrt und Parkplätze für Taxis, Autobusse usw. zu erhalten. Bei einem kleineren Landbahnhofsgebäude kommt man schon mit wenig Platz aus; ähnliches gilt auch für die Güterschuppenzufahrt, denn Lkws müssen nicht nur an den Schuppen heranfahren können, sondern unter Umständen auch wenden, um wieder wegfahren zu können. Nebensächlichkeiten, werden Sie vielleicht meinen, aber diese Überlegungen tragen mit dazu bei, daß Ihre Modellbahn-Anlage später einmal echt und auch in den Kleinigkeiten wirklichkeitsnah wirkt.

6. Der zweite Zug

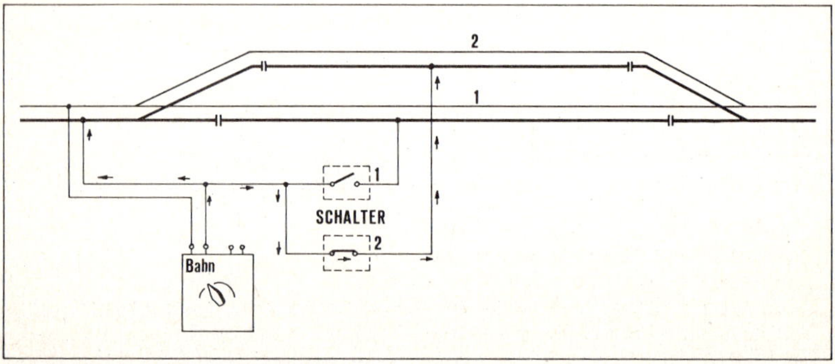

Durch zwei gewöhnliche «Ein/Aus»-Drucktaster oder Stellschalter, wie sie jede Modellbahn-Firma anbietet, kann man wahlweise Fahrstrom für ein Gleis zu- oder abschalten. Erforderlich sind dazu Trennstellen in nur einer Fahrschiene (jeweils auf derselben Seite = rechts oder links in Fahrtrichtung). Die Schalter werden zwischen Bahnstromanschluß am Fahrpult und Gleis gesetzt. Ist der Schalter geschlossen (in der Skizze der untere), so läuft der Strom ungehindert (s. Pfeile) zur Schiene zwischen den beiden Trennstellen dieses Gleises; ist er geöffnet (oberer Schalter), so bleibt der Stromfluß unterbrochen und der Abschnitt zwischen den Trennstellen erhält keine Fahrspannung.

Die Gleisanlage ist jetzt soweit ausgebaut, daß Sie eigentlich an die Anschaffung eines zweiten Zuges denken können. Mit einem zweiten Zug – das kann natürlich auch ein Triebwagen sein – wird der Betrieb auf der Anlage noch viel interessanter und abwechslungsreicher. Und nicht nur das – es können sich nun auch zwei «Lokführer» die Verantwortung für einen reibungslosen Betriebsablauf teilen. Jeder ist für «seinen» Zug verantwortlich.
Als erstes stehen Sie natürlich vor der Frage: Welchen Zug soll ich mir als «zweiten» anschaffen? Die Antwort auf diese Frage ist leicht: Wenn Sie bereits einen Personenzug haben, sollte der zweite Zug ein Güterzug sein oder – im umgekehrten Fall – ein Reisezug bzw.

So funktioniert eine Stoppweiche in der Fahrpraxis: Die Fahrspannung wird jeweils nur demjenigen Gleisstrang zugeschaltet, auf den die Weiche eingestellt ist, der andere Gleisstrang bleibt stromlos. Die Trennstellen sind also gewissermaßen schon im Weichenmechanismus eingebaut und brauchen vom Modellbahner nicht mehr gesondert durch Isolierschienenverbinder hergestellt zu werden (Bild oben).

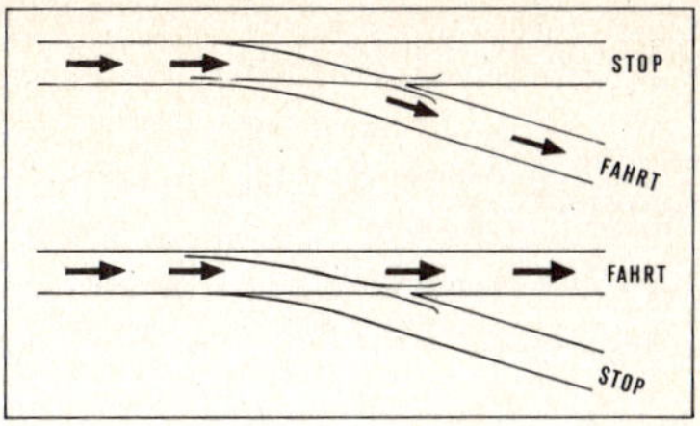

Für Märklin-H0-Gleise gibt es Isolierstreifen aus dünner Spezialpappe; sie werden an den vormarkierten Stellen mit einer Schere nach Bedarf abgeschnitten.

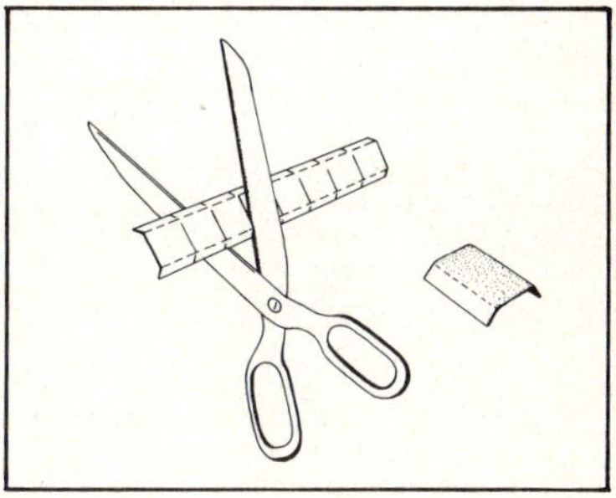

Die Märklin-Isolierstreifen werden vor dem Zusammenstecken der Gleisstükke zwischen die mittleren Kontaktverbindungslaschen gelegt, die dann nach dem Zusammenstecken der Gleise keinen elektrischen Kontakt mehr miteinander haben. Dadurch wird an dieser Stelle der Stromfluß im Punktkontakt-Mittelleiter unterbrochen – so einfach entstehen Trennstellen beim Märklin-Gleis (Bild unten rechts).

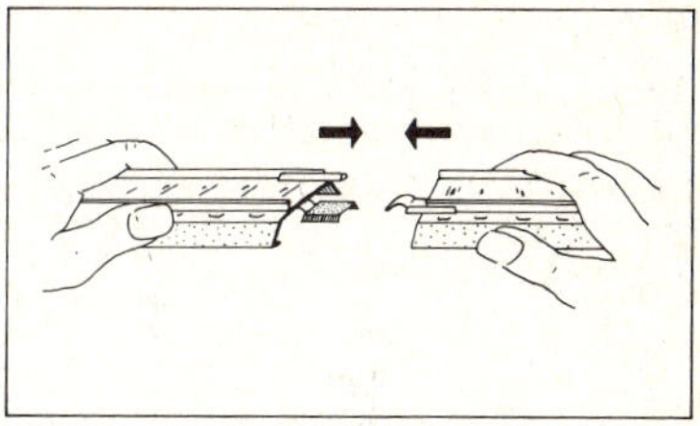

eine Triebwagengarnitur.
Doch bei allem Elan – diese neue Betriebssituation muß irgendwie auf einen einfachen Nenner gebracht werden; sicher haben Sie schon mal etwas von Automatikschaltungen, Blocksystemen und ähnlichen technisch anspruchsvollen Bezeichnungen gehört. Nun sind Sie aber kein Elektrotechnik-Experte. Sollen Sie deshalb auf einen zweiten (oder gar einen dritten) Zug verzichten? Natürlich nicht, denn das ist alles halb so schlimm mit der Technik, wie Sie gleich sehen werden. Die Modellbahn-Technik ist heute so weit fortgeschritten, daß das «Mehrzugproblem» gar keins mehr ist. Sie brauchen nur noch an ein paar Stellen einen Schaltdraht oder eine Litze anzuklemmen – den Rest können Sie vergessen. Sie werden anhand einiger

«Auf abschaltbaren Gleisen können Lokomotiven bei abgeschaltetem Fahrstrom abgestellt werden. Diese Gleise werden durch Trennstellen in einer der beiden Fahrschienen von der übrigen Gleisanlage elektrisch getrennt.»

Beispiele sehen, wie leicht und problemlos Sie zu Ihrem zweiten Zug kommen – kompliziert wird es in keinem Fall.

Es gibt Modellbahner, deren ganzer Ehrgeiz darin liegt, mit Hilfe ausgeklügelter elektrotechnischer Schaltungen und unter Verwendung elektronischer Bausteine ihre Anlage zu «vollautomatisieren». Das ist eine Frage des persönlichen Geschmacks. Wir wollen hier dagegen versuchen, mit so wenig «Strippenzieherei» auszukommen, wie gerade notwendig, denn schließlich soll der Fahr- und Rangierbetrieb das Wichtigste bleiben. Deshalb zunächst ein Blick zurück auf Kapitel 2. Sie erinnern sich: Der Fahrstrom für eine Lokomotive wird den Fahrschienen (oder dem Punktkontakt-Mittelleiter) über einen Anschlußdraht vom Fahrpult zugeführt, verrichtet seine Arbeit im Lokmotor (bringt also die Lok in Fahrt) und wird dem Fahrpult über die andere isolierte Fahrschiene, bzw. beim Märklin-H0-Wechselstromsystem über beide Fahrschienen, wieder zurückgeführt. Das nannten wir einen geschlossenen Stromkreis.

Setzen wir nun eine zweite Lok an irgendeiner Stelle der Anlage aufs Gleis und drehen den Fahrregler auf – was geschieht dann? Nun, diese Lok wird sich genauso wie die erste beim Aufdrehen des Fahrreglers in Bewegung setzen und in gleicher Weise auf Schnell- oder Langsamfahrt reagieren wie die erste Lok. Das ist natürlich nicht Sinn der Sache, denn wir wollen den zweiten Zug ja nach Möglichkeit unabhängig vom ersten fahren lassen. Was tun? – Wir müssen den Stromkreis, den die gesamte Gleisanlage darstellt, in irgendeiner Form unterteilen, z. B. in einzelne Gleisabschnitte, die man mit Hilfe eines kleinen Kippschalters oder Wechselkontakt-Drucktasters wahlweise mit Fahrstrom versorgt oder ganz einfach abschaltet. Solche Schalter bietet jede Modellbahn-Firma in ihrem Katalog für diese und ähnliche Zwecke an.

Als zweite Möglichkeit gibt es bei einigen Fabrikaten (z. B. Arnold, Minitrix und Fleischmann) sogenannte Stopweichen. Diese Weichen versorgen jeweils nur den auf Fahrtrichtung eingestellten Gleisstrang mit Fahrstrom, der andere Gleisstrang bleibt stromlos, und eine darauf abgestellte Lok hält so lange, bis die Weiche (oder die Weichen) auf ihren Gleisstrang umgestellt ist; dann ist das vorher mit Fahrstrom versorgte Gleis stromlos.

Wie trennt man die einzelnen Gleisabschnitte elektrisch voneinander? Das geschieht ganz einfach durch sogenannte Isolier-Schienenverbinder, die im Beutel als Zubehör für jedes Gleissystem angeboten werden. Bei Märklin-Gleisen ist das ganz einfach: Aus Isolierpappe gefertigte Streifchen (im Märklin-Katalog abgebildet) werden vor dem Zusammenstekken der Gleise zwischen die breiten Kontaktlaschen der Gleise (zwischen den Fahrschienen) gelegt, und dann erst werden die Gleisstücke zusammengesteckt. Die elektrische Verbindung der Punktkontakt-Mittelschiene (die Fahrstromzuführung) ist an dieser Stelle durch die Isolierstreifen unterbrochen.

Bei den Zweischienengleisen aller übrigen Fabrikate erfolgt das Isolieren jeweils an einer der beiden Fahrschienen, jedoch innerhalb einer Anlage grundsätzlich auf derselben Seite des Gleises, z. B. in Fahrtrichtung rechts oder links. Damit bleibt die andere Fahrschiene elektrisch ein durchlaufender, also nicht unterbrochener Leiter (man nennt ihn auch Nullleiter), der als gemeinsame Sammelrückleitung des Stroms aus den verschiedenen einseitig elektrisch getrennten Stromkreisen dient.

Diese elektrische Trennung der Fahrschiene kann man entweder durch spezielle im jeweiligen Gleissortiment des Herstellers angebotene Trenngleisstücke erreichen oder – wie schon angedeutet – durch Auswechseln der normalen stromleitenden Metall-Schienenverbinder gegen solche aus Isoliermaterial. Der am Gleisstück montierte Metall-Schienenverbinder läßt sich je nach Fabrikat entweder mit einer kleinen Flachzange direkt abziehen oder es muß eine unter dem Schwellensteg herumgezogene Lasche zuvor aufgebogen werden (mit einem kleinen Schraubendreher). Anschließend wird statt dessen der Isolier-Schienenverbinder aufgesteckt. Er besitzt in der Mitte ei-

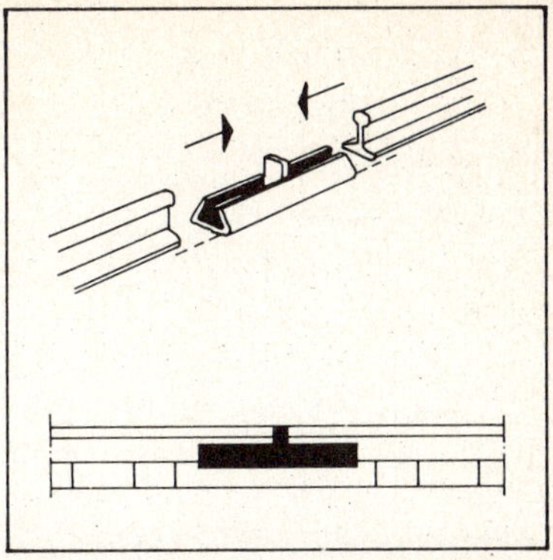

Um eine stromisolierende Trennstelle in einen Schienenstrang einzubauen, wechselt man einen vorhandenen, stromleitenden Metall-Schienenverbinder (Schienenfußlasche) gegen einen solchen aus Isolierstoff aus. Dieser besitzt in der Mitte einen senkrechten Steg, der ein Berühren der beiden nunmehr elektrisch voneinander getrennten Schienenprofile mit Sicherheit ausschließt.

nen dünnen senkrechten Trennsteg, damit sich die Schienen beim anschließenden Zusammenstekken der Gleise auch wirklich nicht berühren können und die elektrische Trennung somit perfekt ist.
Nachdem ein Gleisabschnitt durch Einfügen eines Isolier-Schienenverbinders (bei stumpf endenden Abstellgleisen) oder durch zwei Trennstellen (bei durchlaufenden Gleisen) elektrisch vom übrigen Stromkreis der Anlage getrennt ist, ergibt sich die Frage: Wie führe ich diesem Gleisabschnitt wieder Fahrstrom zu, wenn beispielsweise eine Lok in dieses Gleis einfahren soll? Die Antwort darauf ist einfach und einleuchtend: Der elektrisch isolierte Gleisabschnitt erhält – wie in Kapitel 2 beschrieben – eine eigene Fahrstromzuleitung, die entweder innerhalb des isolierten Gleisabschnitts am Mittelleiter angeschlossen wird (Märklin-Punktkontaktgleise) oder aber an dem getrennten Schienenabschnitt an irgendeiner Stelle zwischen den Isolier-Schienenverbindern.
Durch einen kleinen Schalter, der in diese Zuleitung zwischen Fahrpult-Bahnstromanschluß und Schiene geschaltet wird, können Sie jetzt ganz nach Wunsch diesem Gleisabschnitt den Strom zu- oder abschalten; so einfach ist das. Beim Einbau von Stopweichen entfällt, wie schon erwähnt, diese zusätzliche Schaltung der Gleisabschnitte, da diese Weichen den Fahrstrom je nach Weichenstellung nur jeweils dem als Fahrweg eingestellten Gleis zuführen.

«Wenn zwei oder mehr Fahrpulte an die Anlage angeschlossen werden, müssen sie phasengleich parallel geschaltet werden. Die Verbindung zur Lichtsteckdose darf aus Sicherheitsgründen nur über einen gemeinsamen Netzstecker erfolgen.»

Nun wissen Sie, wie man abschaltbare Gleise schafft, auf denen man Lokomotiven oder komplette Züge bis auf Abruf stromlos abstellen kann. Damit lassen sich Zuggarnituren auswechseln, ohne daß man Loks von Hand aufs Gleis setzen und gegen eine andere Lok austauschen müßte. Und das tut kein echter Modellbahner, weil man es auf die vorbeschriebene Art viel eleganter ausführen kann. Das ist alles schön und gut, werden Sie vielleicht jetzt sagen, aber was geschieht, wenn ich zwei Züge gleichzeitig und in Geschwindigkeit und Fahrtrichtung völlig unabhängig voneinander fahren will – geht das auch? Es geht, dank der ausgeklügelten «unsichtbaren» Modellbahn-Technik, die dem Lokführer komplizierte Schaltungen und das Wissen darum abnimmt.
Es gibt drei verschiedene einfache Möglichkeiten, um einen sogenannten unabhängigen Mehrzugbetrieb in die Tat umzusetzen, oh-

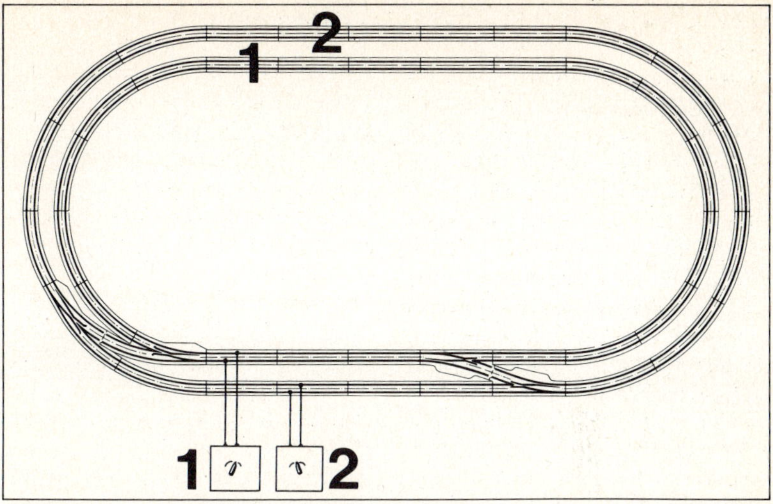

Wenn man ein doppelgleisiges Oval durch elektrische Trennung beider Fahrschienen (und gegebenenfalls auch des Mittelleiters) in zwei elektrisch völlig voneinander getrennte Gleisfiguren aufteilt, kann mit Fahrpult 1 ein Zug auf Oval 1 fahren und unabhängig in Richtung und Geschwindigkeit ein zweiter Zug mit Fahrpult 2 auf Oval 2. Bei gleicher Fahrreglerstellung beider Fahrpulte kann ein Zug auf das andere Oval über eine der beiden Weichenverbindungen überwechseln. Wenn dann jeder Zug wieder auf seinem «eigenen» Oval fährt, kann er mit dem zugehörigen Fahrpult auch wieder unabhängig vom anderen Zug geregelt werden.

ne dabei auf komplizierte Trickschaltungen zurückzugreifen, die nur Modellbahn-Experten mit Kenntnissen in der Elektrotechnik beherrschen.

Die erste und einfachste Möglichkeit ist die Hinzunahme einer Oberleitung, die als dritter stromführender Leiter den Einsatz eines zweiten Zuges (mit Ellok) ermöglicht, der auf demselben Gleis unabhängig von einem anderen Zug (mit Dampflok oder Diesellok) gefahren werden kann. Wie das funktioniert, wird ausführlich im nächsten Kapitel beschrieben.

Die zweite Möglichkeit liegt in der völligen Trennung von zwei Stromkreisen oder besser gesagt: von zwei in sich geschlossenen Gleisanlagen, die miteinander keine stromführende Verbindung haben. Sind beispielsweise zwei Gleisovale durch Weichen miteinander verbunden, so müssen an den Übergangsstellen vom äußeren zum inneren Oval alle Schienen (auch ein eventuell vorhande-

ner Punktkontakt-Mittelleiter) durch je eine Trennstelle in der eingangs beschriebenen Weise isoliert werden. Nunmehr kann man auf dem inneren Gleisoval und den dazugehörigen Gleisen mit eigenem Fahrpult einen Zug beliebig steuern und gleichzeitig auf dem äußeren Oval einen zweiten, der ebenfalls über ein eigenes (zweites) Fahrpult mit Fahrstrom versorgt wird.
«Das zweite Fahrpult» ist an dieser Stelle ein Stichwort, zu dem noch etwas gesagt werden muß. Daß man für einen zweiten Zug, der unabhängig vom ersten langsam oder schnell gefahren werden soll, ein zweites Fahrpult benötigt, ist jedem sicherlich klar. Aber diese beiden (oder drei und noch mehr) Fahrpulte kann man nicht so ohne weiteres mit ihren Netzsteckern in die nächstgelegenen Steckdosen stecken! Warum nicht? – Weil die Polarität des Stroms aller Transformatoren übereinstimmen muß, sonst kann es unter Umständen zu einer Spannungsverdoppelung kommen. Was ist das denn nun schon wieder? – Beim Parallelschalten von Transformatoren (in jedem Fahrpult ist ja bekanntlich ein Trafo = Spannungsumwandler eingebaut) taucht ein Problem auf, das in der Natur des elektrischen Stroms begründet ist, hier aber nicht näher erläutert werden muß, weil es Kenntnisse zum Verständnis elektrotechnischer Vorgänge voraussetzt. Aber das brauchen wir für die Parallelschaltung zweier Fahrpulte auch gar nicht zu wissen, denn ob die beiden Fahrpulte richtig «gepolt», d. h. phasengleich geschaltet sind, kann man auch so ganz leicht feststellen, wie Sie gleich sehen werden.
Wenn man mehr als ein Fahrpult in Betrieb nimmt, gilt zunächst folgende Regel: die Netzstecker der Fahrpulte werden nicht jeweils in eine Lichtnetz-Steckdose gesteckt, sondern in eine Tischsteckdose, wie man sie als Ersatz für die heute nicht mehr zulässigen «Vielfachstecker» in jedem Elektrofachgeschäft erhält. Erst die Anschlußleitung dieser Tischsteckdose wird dann in die Steckdose des Lichtnetzes gesteckt. Und so überprüft man ganz einfach den richtigen Anschluß der Fahrpulte: Zunächst schließt man Fahrpult 1 an die Tischsteckdose an und dann Fahrpult 2 und verbindet von beiden Fahrpulten die Massebuchsen für den Wechselstrom-Beleuchtungsanschluß miteinander durch eine Litze. An die jeweils noch freie Lichtanschlußbuchse schließt man zwei hintereinandergeschaltete Lämpchen an (z. B. Bahnsteiglampen oder Gebäude-Beleuchtungssockel).
Jetzt wird der Stecker der Tischsteckdose in die Lichtnetzsteckdose eingeführt; leuchten die Glühlämpchen auf, so ist ein Fahrpult falsch gepolt, einer der beiden Netzstecker ist dann um 180° zu drehen, also «andersherum» wieder in die Tischsteckdose einzu-

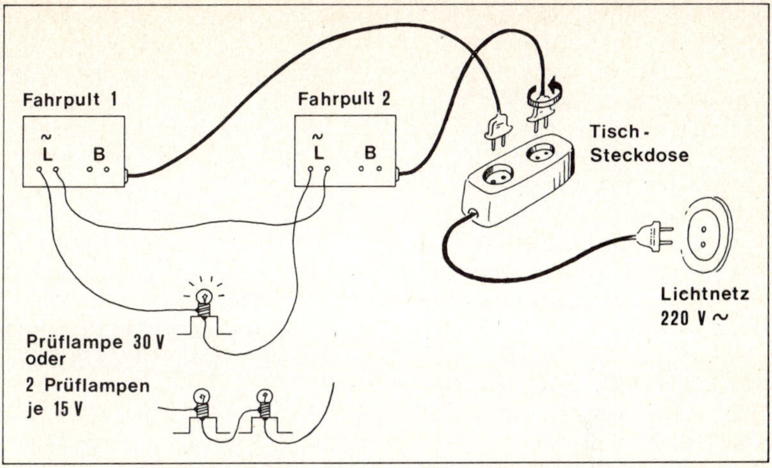

So funktioniert die im Haupttext beschriebene Überprüfung der Polarität beim Betrieb von zwei oder mehr Fahrpulten auf einer Anlage. Hat man keine 30-Volt-Prüflampe, so schaltet man – wie in der unteren Skizze gezeigt – zwei Modellbahn-Beleuchtungslämpchen von etwa je 15 Volt hintereinander. Leuchten sie auf, so ist der Netzstecker eines der beiden Fahrpulte um 180° zu drehen und dann wieder in die Tischsteckdose einzustecken (vorher den Lichtnetzstecker herausziehen!).

stecken. Vorher aber in jedem Fall den Netzstecker am Lichtnetz herausziehen! Wird er wieder eingesteckt und die Lämpchen leuchten nun nicht mehr auf, so sind beide Fahrpulte richtig, d. h. phasengleich angeschlossen (die Prüflämpchen sollte man natürlich vorher selbst überprüfen, ob sie auch wirklich intakt sind).

Damit man diese Probiererei nicht bei jeder Inbetriebnahme der Anlage erneut durchführen muß, sollte man die Tischsteckdose irgendwo unter der Anlage fest montieren (anschrauben oder ankleben) und die einmal in der richtigen Lage eingesteckten Netzstecker der Fahrpulte durch einen Isolierbandstreifen festkleben bzw. die Tischsteckdose durch ein darüber gestülptes und befestigtes Kästchen gegen unbeabsichtigtes «Herumdrehen» der Stecker ein für allemal sichern. Wie herum Sie dann die nunmehr einzige Zuleitung für die Stromversorgung der beiden Fahrpulte – also den Netzstecker der Tischsteckdose – in die Steckdose einführen, bleibt sich gleich.

Das liest sich alles etwas kompliziert und hochtechnisch – ist es auch. In der Praxis ist diese beim

Anschluß von zwei oder mehr Fahrpulten erforderliche Polaritätsüberprüfung aber ganz leicht, schnell und einfach durchzuführen, wie die Skizze dazu deutlich zeigt.
Warum der Aufwand mit der «Phasengleichheit» und «Polarität»? Nun, das ist ein elektrotechnisches Problem, das manche Modellbahn-Hersteller gern verschweigen, weil es der einzige wunde Punkt ist, der sogar mit einer Gefahr verbunden sein kann. Denn durch sogenannte Leerlaufrückspannungen kann es bei gleichzeitigem Betrieb von zwei oder mehr Fahrpulten vorkommen – wenn sie einzeln am Lichtnetz angeschlossen werden –, daß beim Herausziehen eines Steckers an den Metallstiften die volle Spannung anliegt. Aber wer zieht schon bei aufgedrehtem Fahrregler den Anschlußstecker aus der Steckdose? Trotzdem sollte dieser wichtige Hinweis nicht fehlen.
Wenn Sie also mit zwei oder mehreren Fahrpulten fahren und diese auf der Wechselstromseite (Licht- und Weichenanschluß) durch einen gemeinsamen Rückleiter in irgendeiner Form elektrisch in Verbindung stehen, halten Sie sich an die hier beschriebene Anschlußanleitung, damit in keinem Fall einmal etwas passieren kann. Und es wäre falsch, zu glauben, die Modelleisenbahn sei deshalb kein völlig ungefährliches Kinderspielzeug.
Nach diesem notwendigen kleinen Abstecher in die Welt der Elektrotechnik wenden wir uns wieder dem eigentlichen Zwei-Zug-Betrieb zu – und zwar der dritten Möglichkeit, wie man auf einfache Weise zwei Züge unabhängig voneinander auf einem Gleis fahren kann, und das ohne Oberleitung.
Diese Möglichkeit für alle Modellbahnen (außer Baugröße Z) und alle Fabrikate ist durch das «elektronische Mehrzug-System» (ems) der Firma Trix gegeben. Schon wieder Elektronik, werden Sie jetzt vielleicht seufzen – aber keine Sorge, diesmal bedarf es wirklich keiner Erklärung über die Elektrotechnik. Denn die Trix-Konstrukteure haben die technischen Probleme ihres ems-Systems so einfach und geschickt gelöst, daß man den Zwei-Zug-Betrieb sofort aufnehmen kann, ohne auch nur eine einzige zusätzliche Anschlußlitze ans Gleis legen zu müssen.
Was braucht man dazu? Als zweites Fahrpult kauft man sich keines der üblichen Geräte, wie sie jede Firma anbietet, sondern ein Trix-ems-Fahrpult, das äußerlich fast genauso aussieht wie ein normales Fahrpult und auch so bedient wird. Als zweite Lok benötigt man nun eine speziell mit einem ems-Elektronikbaustein ausgerüstete Lok. Trix liefert solche «ems-Loks» gleich komplett ausgerüstet für alle N-Bahnen (also auch für den Einsatz auf Arnold-, Fleischmann- und Roco-N-Anlagen geeignet).

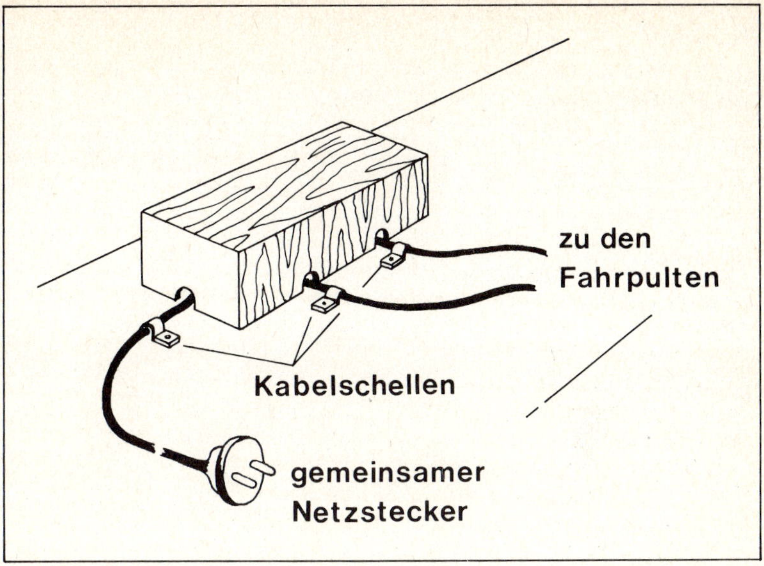

Wenn einmal die richtige Strompolarität der beiden Fahrpulte festgestellt ist, setzt man ein Holz- oder Kunststoffkästchen über die Tischdoppelsteckdose mit den beiden Fahrpultsteckern, damit deren richtige Lage ein für allemal feststeht. Tischsteckdose und Kästchen befestigt man am besten unter der Anlagengrundplatte und sichert die einzelnen Anschlußkabel gegen Lösen durch Kabelschellen. Von hier aus führt dann die gemeinsame Zuleitung für beide Fahrpulte zum Lichtnetz. So aufgebaut, haben Sie alles fachmännisch gemacht und es kann keine Schwierigkeiten beim Betrieb mit zwei oder mehr Fahrpulten geben.

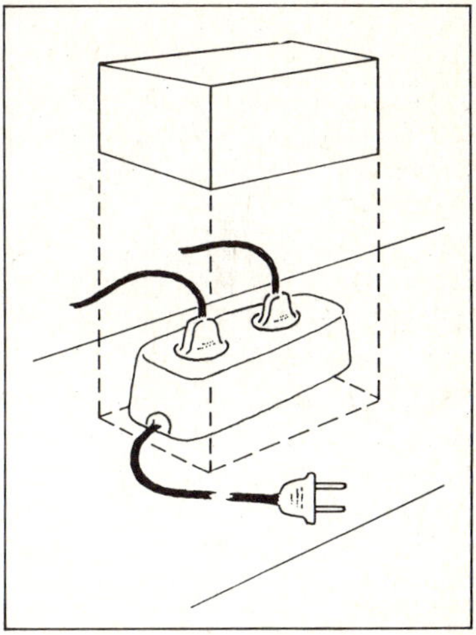

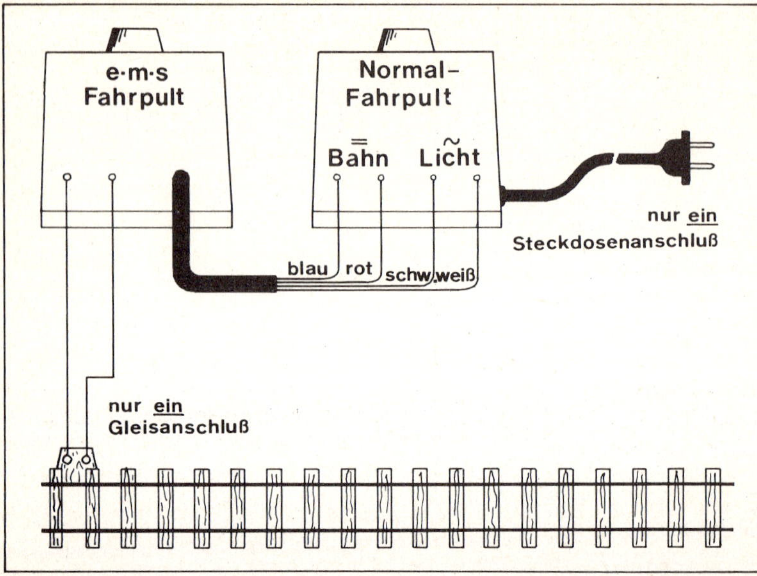

Unabhängiger Zwei-Zug-Betrieb (mit Oberleitung sogar Vierzugbetrieb) durch das Trix-ems-Fahrpult in Verbindung mit einer «ems-Lok». Es gibt keine zusätzlichen Verdrahtungsarbeiten, Trennstellen oder ähnliches. Nur das ems-Fahrpult muß mit seinen vier Anschlußdrähten (blau, rot, schwarz, weiß) an das Normal-Fahrpult angeschlossen werden. Auch für die Märklin-Wechselstrombahn ist der ems-Mehrzugbetrieb ganz einfach möglich; eine genaue Beschreibung findet sich in der Betriebsanleitung.

Auch für H0-Bahnen gibt es Trix-ems-Loks, die sich für den Einsatz auf allen Anlagen eignen, wenn die Loks mit den zum jeweiligen System passenden Tauschkupplungen ausgerüstet werden. Der ems-Baustein ist auch einzeln erhältlich und kann in fast jede H0-Lok nachträglich eingebaut werden, wenn im Innern der Lok genügend Platz vorhanden ist. Bei Märklin-H0-Wechselstromloks muß noch zusätzlich zum ems-Baustein ein Diodensatz eingelötet werden. Über diese Möglichkeiten berät Sie bei Interesse gern Ihr Modellbahn-Fachhändler, der gegebenenfalls auch den Umbau durchführt, wenn Sie eine Trix-ems-Lok auf ihrer Anlage einsetzen können oder wollen.
Bei N-Bahnen ist dies jedoch ohne Schwierigkeiten und ohne Umbauten möglich, zumal ja selbst die Kupplungen bei allen N-Bahnen gleich sind.

«Nur bei Punktkontaktgleisen können Kehrschleifen ohne besondere Vorkehrungen aufgebaut werden. Bei allen Zweischienen-Gleisen ist innerhalb der Kehrschleife ein sogenanntes Kehrschleifen-Set einzubauen, um Kurzschluß zwischen den beiden Fahrschienen zu vermeiden.»

Das «ems-Fahrpult» wird, wie in der Skizze dargestellt, am Normal-Fahrpult (also nicht am Gleis) angeschlossen. Mit dem Normal-Fahrpult regeln Sie die «normale» Lok und mit dem ems-Fahrpult ausschließlich die ems-Lok. So einfach ist das. Und wenn Sie dann noch – wie im nächsten Kapitel beschrieben – zusätzlich Ihre Modellbahn-Anlage mit einer Oberleitung ausstatten, können Sie sogar gleichzeitig vier Züge unabhängig voneinander auf demselben Gleis fahren; Sie benötigen dann zwei gewöhnliche Fahrpulte und zwei ems-Fahrpulte von Trix.

Es gibt noch mehr Möglichkeiten, um zwei oder mehr Züge gleichzeitig auf einer Anlage im sogenannten «Blockabstand» wie beim großen Vorbild fahren zu lassen. Hierfür bietet fast jeder Modellbahn-Hersteller ein eigenes Blocksystem an. Man muß dazu – ähnlich wie zu Anfang dieses Kapitels beschrieben – die Gleisanlage durch mehrere Trennstellen in den Schienen in sogenannte Blockabschnitte unterteilen, damit die Züge in vorbildgerechtem Sicherheitsabstand hintereinander fahren können, ohne daß es zu Auffahrunfällen kommt.

Aber das ist zu Anfang doch noch zuviel, obwohl die Schaltungstechnik gar nicht einmal so kompliziert ist, wie man vielleicht meinen könnte. Da diese Blocksysteme je nach Modellbahn-Fabrikat außerdem unterschiedlich in Aufbau und Schaltung sind, empfiehlt es sich bei weitergehendem Interesse die Aufbauanleitungen den speziellen Firmenprospekten zu entnehmen. Für den Anfang ist das Wissen um abschaltbare Gleise, Zwei-Zug-Betrieb durch Oberleitung und Trix-ems-System sicherlich ausreichend, denn schließlich wollen Sie mit Ihrer Modellbahn fahren und rangieren und sich nicht mit elektrotechnischen Problemen auseinandersetzen müssen. In diesem Kapitel haben Sie von Elektrotechnik ohnehin eine Menge mitbekommen – und das reicht mit Sicherheit aus, um Ihren «zweiten Zug» souverän über die Gleise und Weichen der Anlage zu steuern.

Abschließend zu diesem Kapitel – da wir gerade «elektrische Themen» behandeln – noch ein Hinweis auf die sogenannten Kehrschleifen. Was ist eine Kehrschleife? – Wenn ein Zug in einem Bogen über eine Weiche wieder auf dasselbe Gleis – jedoch jetzt in entgegengesetzter Fahrtrichtung – zurückgeführt wird, hat er eine

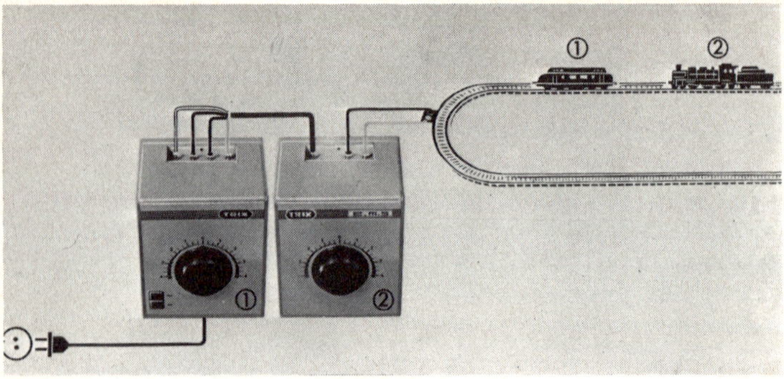

Hier nochmals in bildlicher Darstellung der Aufbau des ems-Zwei-Zug-Betriebs: Normal-Fahrpult mit Netzsteckeranschluß (nicht fabrikatgebunden), rechts daneben das am Normal-Fahrpult mit den vier vorhandenen Strippen angeschlossene Trix-ems-Fahrpult, von dem aus dann – wie gewohnt – nur zwei Anschlußlitzen zum Gleis führen.

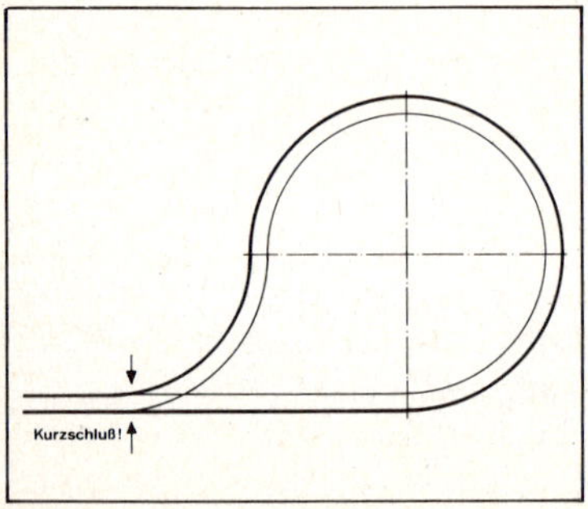

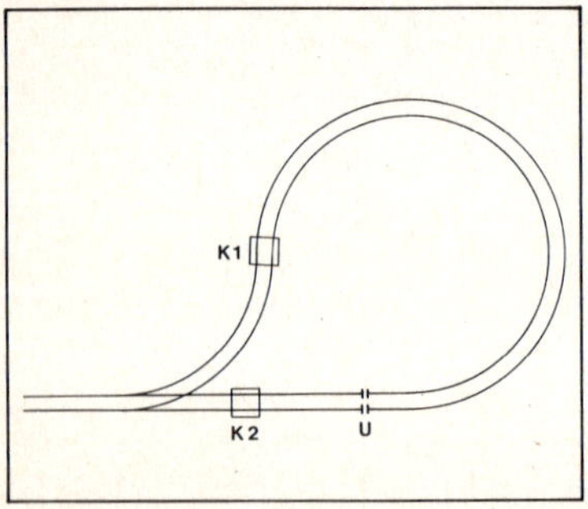

Die «Kehrschleife» (links); wer eine Märklin-H0-Bahn mit Mittelpunktkontakten fährt, kennt das Problem nicht, das bei allen Zweischienenbahnen auftritt: Durch die Wendeschleife der Gleisfigur liegen an der Weiche Stromzuleitung (dick gezeichnete Linie) und Stromrückleitung jeweils an beiden Fahrschienen an – das gibt einen Kurzschluß.

Mit Hilfe eines sogenannten «Kehrschleifen-Sets», wie es von fast allen Gleichstrombahn-Herstellern im Katalog angeboten wird, ist das Befahren einer Kehrschleife kein Problem mehr. Das aus den beiden Teilen K1 und K2 bestehende Set wird in die Kehrschleife eingebaut, dazwischen muß eine Trennstelle U in beide Fahrschienen gelegt werden (z. B. mit Isolierschienenverbindern oder durch ein entsprechendes Trenngleis). Genaue Aufbauanweisungen über die Abstände von K1, K2 und U untereinander liegen den Kehrschleifen-Set-Packungen bei.

«Kehrschleife» oder «Wendeschleife» durchfahren. Bei Märklin-Punktkontaktgleisen gibt es keine Probleme beim Zusammensetzen der Gleisstücke, da die Stromzuführung immer über die Punktkontakte in der Gleismitte erfolgt und die Stromrückführung zum Fahrpult über beide elektrisch miteinander verbundenen Fahrschienen. Anders bei den übrigen Modellbahnen ohne Punktkontakt-Mittelleiter, bei denen der Strom durch die eine Fahrschiene (Pluspol) dem Lokmotor zugeführt und über die andere Fahrschiene (Minuspol) wieder zurückgeleitet wird. Würde man Gleise und Weiche einfach zu einer Kehrschleife zusammenstekken, wäre ein Kurzschluß die Folge, weil sich die Strompolarität an der Weiche ändern würde, d.h., Plus- und Minuspol des Stroms liegen dann an derselben Fahrschiene. Lok und Fahrpult nehmen bei diesem Kurzschluß zwar keinen Schaden (da die Sicherung im Fahrpult anspricht), aber der Zug bleibt stehen und rührt sich auch nicht mehr von der Stelle. Was tun? – Auch hier haben die Modellbahn-Hersteller für uns gedacht und spezielle Kehrschleifen-Garnituren gebaut, die innerhalb des Kehrschleifen-Kreisbogens in Form besonders ausgerüsteter Gleisstücke (mit Schaltelementen) eingebaut werden. Das funktioniert ganz einfach, denn Einbau und Funktion dieser Kehrschleifen-Sets sind in den jeweiligen Aufbauanleitungen unverwechselbar beschrieben.

Sie brauchen sich also – falls Sie keine Märklin-H0-Modellbahn fahren – nur folgendes zu merken: Bei einer Kehrschleife als Gleisfigur muß ein Kehrschleifen-Set eingebaut werden, damit in der Gleisanlage kein Kurzschluß entsteht.

Nun ist aber endgültig Schluß mit der Elektrotechnik und ihren kleinen und großen Problemen, deren Verständnis und Wissen um die Zusammenhänge in einigen Fällen jedoch nötig war, damit Sie mehr mit Ihrer Modellbahn anfangen können, als nur mit einem Zug auf einem kleinen Gleisoval endlose Runden zu drehen.

7. Strom von oben

«Unter Draht» fährt diese große LGB-Rangierlok. Ihren Fahrstrom erhält sie durch die Fahrleitung und den Dachstromabnehmer.

Elektrische Lokomotiven (bei der großen Eisenbahn auch E-Loks oder Elloks genannt) prägen heute auf den meisten Strecken das Bild der modernen Eisenbahn. Alle wichtigen Hauptstrecken sind elektrifiziert, das heißt: mit einer Oberleitung überspannt. Wenn man als Modellbahner auch hierin das Vorbild kopieren will, braucht man ebenfalls eine Oberleitung, zumal nichts unnatürlicher aussieht als ein TEE mit einer schnittigen Ellok vorneweg – aber keine Oberleitung über den Gleisen.

Doch nicht nur des optisch richtigen Eindrucks wegen sollte man auf eine Oberleitung nicht verzichten – sie bringt für uns betrieblich gesehen einen ganz großen Vorteil: den unabhängigen Einsatz von zwei Loks auf demselben Gleis. Dies müssen nun nicht unbedingt eine Ellok und eine Dampf- bzw. Diesellok sein; es können auch nur zwei Elloks sein, denn ihre Stromabnahme läßt sich durch einen kleinen Schalter unter der Lok oder einen Stellstift auf dem Dach (je nach Fabrikat und Ausführung) wahlweise auf die Stromabnahme über die Fahrschiene oder über den Fahrdraht umschalten.

Wenn Ihnen also das im vorigen Kapitel über abschaltbare Gleise und getrennte Stromkreise Gesagte für den Anfang doch noch etwas zu umständlich erscheinen sollte und Sie vorläufig nur zwei Loks auf Ihrer Anlage einsetzen wollen, dann überspannen Sie die Gleise mit einer richtigen Oberleitung und der perfekte unabhängige Zwei-Zug-Betrieb ist für Sie problemlos.

Warum das so einfach funktioniert, läßt sich schnell und einleuchtend erklären: Die eine Lok (z. B. eine Dampflok oder eine Diesellok) erhält beispielsweise ihren Fahrstrom über die linke Fahrschiene, die zweite Lok (in jedem Fall eine Ellok) bezieht ihren Fahrstrom (von einem zweiten Fahrpult) über die Oberleitung und die Dachstromabnehmer. Als gemeinsamer Stromrückleiter für beide Loks wird die andere, in diesem Beispiel die rechte Fahrschiene herangezogen.

Beim Märklin-H0-Punktkontaktgleis gilt das sinngemäß: Hier erhält die Dampf- oder Diesellok den Fahrstrom über die Punktkontakte, und die Ellok wird ebenfalls über die Oberleitung mit Fahrstrom versorgt. Die gemeinsame Stromrückleitung für beide Loks sind beim Märklin-H0-Gleis aber beide Fahrschienen, da sie ja nicht elektrisch voneinander isoliert sind.

Während es bei den Märklin-H0-Loks gleichgültig ist, wie herum man sie auf die Gleise stellt, ist bei allen für Zweischienenbetrieb (Gleichstrom) ausgelegten Loks – also bei allen übrigen Fabrikaten – darauf zu achten, daß die nicht isolierten Radseiten der Fahrzeuge auf derselben Fahrschiene stehen, andernfalls wird die Ellok einfach entgegengesetzt aufs Gleis gestellt. Wenn sich beide Loks wie

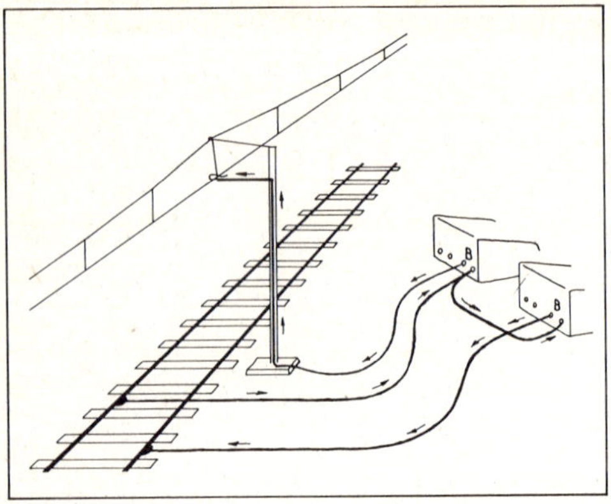

Echter und voneinander unabhängiger gleichzeitiger Fahrbetrieb von zwei Zügen auf demselben Gleis wird durch Hinzunahme einer Oberleitung möglich. Die eine Lok erhält ihren Fahrstrom durch die (im Bild rechts gelegene) Fahrschiene, die andere (vom zweiten Fahrpult) über die Fahrleitung. Als gemeinsamer Stromrückleiter für beide Loks dient die linke Fahrschiene; die Anschlußbuchsen am Fahrpult werden auf der Bahnstromseite (B) für den Stromrückleiter direkt miteinander verbunden, damit nicht von der Schiene zu jedem Fahrpult eine extra Rückleitung verlegt werden muß. Beim Märklin-Punktkontaktsystem funktioniert das sinngemäß: Nur dient hier als Stromzuleitung für die «Unterleitung» der Punktkontakt-Mittelleiter, und zur Rückleitung werden beide Fahrschienen herangezogen.

gewünscht regeln lassen, stehen sie auch richtig auf dem Gleis.
Einen kleinen Haken hat dieser Oberleitungsbetrieb allerdings: Kehrschleifen kann man – außer beim Märklin-Punktkontakt-System – nicht befahren, ohne besondere Schaltungskniffe anzuwenden. Aber als Neuling im Modellbahn-Land wird man auf Kehrschleifen in der Gleisfigur sicherlich für den Anfang erst einmal verzichten können.
Das Aufstellen der Fahrleitungsmasten und das Einhängen der Fahrdrähte in die Ausleger ist nicht schwierig, wenn man sich an die Aufbauanleitung hält, die jeder Packung beiliegt. In der Bildfolge werden einzelne Fabrikate nochmals gezeigt. Wichtig ist in jedem Fall, daß die Abstände der Masten genau den jeweiligen Fahrdrahtlängen entsprechen, damit die Masten nach Einhängen der Fahrdrahtstücke nicht in eine unerwünschte und unschöne Schräglage gezogen werden. In Gleisbogen sollte man die Masten immer außerhalb der Gleise aufstellen. Sie werden entweder mit einer am Mast montierten Lasche unterm Gleis eingeklinkt (z. B. bei Märklin-Metallgleisen) und sind damit automatisch im richtigen Abstand zur Gleismitte fixiert, oder sie werden mit einem kleinen Schräubchen direkt auf der Anlagengrundplatte montiert; die erforderliche Bohrung für das

Ein eindrucksvolles Beispiel für vorbildgerecht verlegte Oberleitung mit Turmmasten und Querverspannung bietet die Demonstrationsaufnahme im Bild oben rechts.

Schräubchen befindet sich bereits in der Mastsockel-Standplatte.

Will man drei oder mehr Gleise mit einer Fahrleitung überspannen, so kann dies natürlich auch mit Einzelmasten geschehen. Besser und vorbildgetreuer ist aber das Aufstellen sogenannter Turmmasten mit Querverspannungen. Diese Turmmasten (Gittermasten) werden jeweils neben den äußeren Gleisen aufgestellt und angeschraubt. Dazwischen wird das Querverspannungsteil quer über die Gleise in die Masten eingehängt. An diesem «Quertragwerk» werden dann die üblichen Fahrdrähte eingehängt. Auf diese Weise erspart man sich einen «Wald» an Einzelmasten.

Der elektrische Anschluß der Fahrleitung am zweiten Fahrpult (das dann nur für die mit Oberleitung betriebenen Elloks bestimmt ist) erfolgt über einen speziellen Anschlußmast, ähnlich wie der Anschluß der Gleise an das andere Fahrpult.

Trotz der winzigen Abmessungen wirken Masten und Fahrleitung der Arnold-N-Oberleitung besonders zierlich, weil Arnold die Oberleitung mit dünnen Gummifäden nur als Attrappe ausgeführt hat (also keinen zusätzlichen Stromleiter für Zwei-Zug-Betrieb bietet). Ein großer Vorteil der elastischen Gummifäden: Beim «Hineinlangen» in die Anlage können keine Fahrdrähte durch unvorsichtiges Hantieren verbogen werden.

Auf diesem Bild ist die Ausführung der Märklin-H0-Oberleitung mit Einzelmasten und Turmmasten in der Gesamtwirkung auf einer Anlage zu sehen. Es wäre wenig vorbildgerecht, wenn der mit einer Ellok bespannte D-Zug auf einer Strecke ohne Oberleitung fahren würde.

Wichtig und in der Anschlußskizze genau gezeigt: Der Anschluß der Stromrückleitung an die Massebuchse des Fahrpult-Bahnstromanschlusses muß an derselben Schiene erfolgen wie der des anderen Fahrpults. Noch einfacher: man verbindet die beiden Massebuchsen der Fahrpulte durch einen Schaltdraht direkt miteinander. Aber denken Sie daran, wie die beiden Fahrpulte an das Licht-

«Eine Oberleitung (Fahrdraht) ist für den Betrieb von Elloks mit Stromabnehmern zwar nicht unbedingt erforderlich, aber ratsam. Denn damit wird ein unabhängiger Fahrbetrieb mit zwei Zügen auf demselben Gleis möglich, weil der Fahrdraht als zusätzlicher Stromleiter dient.»

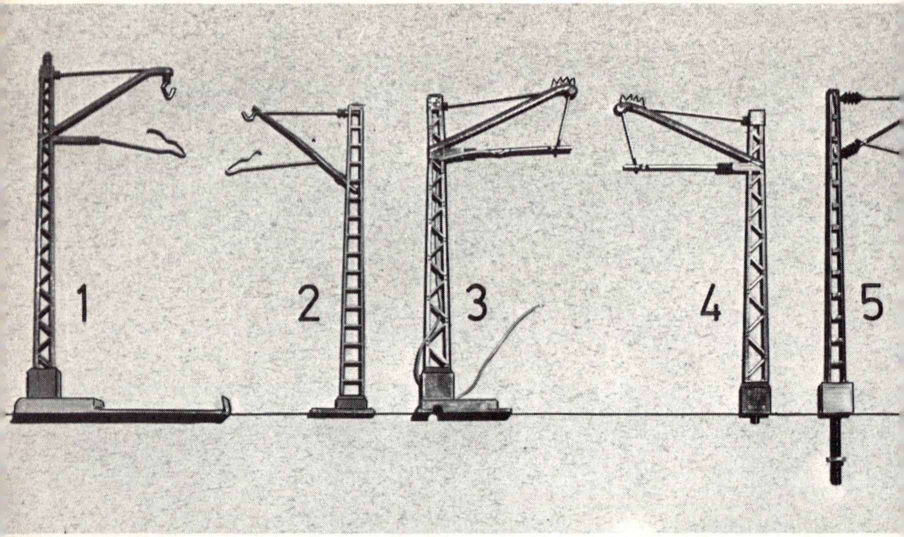

Eine Auswahl von H0-Oberleitungsmasten verschiedener bekannter Fabrikate. 1 = Märklin (für Märklin-M-Gleise), 2 = Märklin (für Märklin-K-Gleise), 3 = Vollmer (Anschlußmast; für alle H0-Bahnen), 4 = Vollmer (Brückenmast; für alle H0-Bahnen), 5 = Sommerfeldt (Gittermast mit kurzem Ausleger; für alle H0-Bahnen), 6 = Sommerfeldt (Profilmast mit langem Ausleger; für alle H0-Bahnen) und 7 = Sommerfeldt (imitierter Betonrundmast; für alle H0-Bahnen). Die Masten werden entweder ans Gleis geklemmt (Märklin), auf die Anlagengrundplatte geschraubt (Vollmer) oder mit durchgehenden Schrauben (Anlagengrundplatte ganz durchbohren) von unten her mit Muttern befestigt (Sommerfeldt). In der Ausführung ähnlich sind die Z-Oberleitung von Märklin für die miniclub-Bahn und die N-Oberleitungen von Arnold, Sommerfeldt und Vollmer.

netz angeschlossen werden müssen – das wurde im vorigen Kapitel genau beschrieben.
Einige Modellbahn-Hersteller bieten eine zu ihrem Gleis- und Fahrzeugsystem passende Oberleitung an, zum Beispiel Märklin (sogar für die winzige «miniclub»-Z-Bahn). Anderenfalls ist eine Oberleitung für 0-, H0- oder N-Bahnen von den Modellbahn-Zubehörfirmen Sommerfeldt und

«Fahrleitungsmasten werden normalerweise in Fahrtrichtung rechts vom Gleis aufgestellt (angeschraubt oder an Gleisstücke angeklemmt). Der Abstand der Masten muß genau gleich sein wie die Länge der eingehängten Fahrdrahtstücke.»

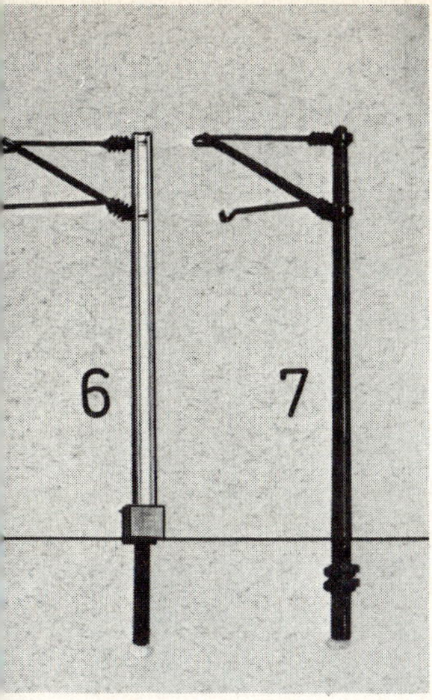

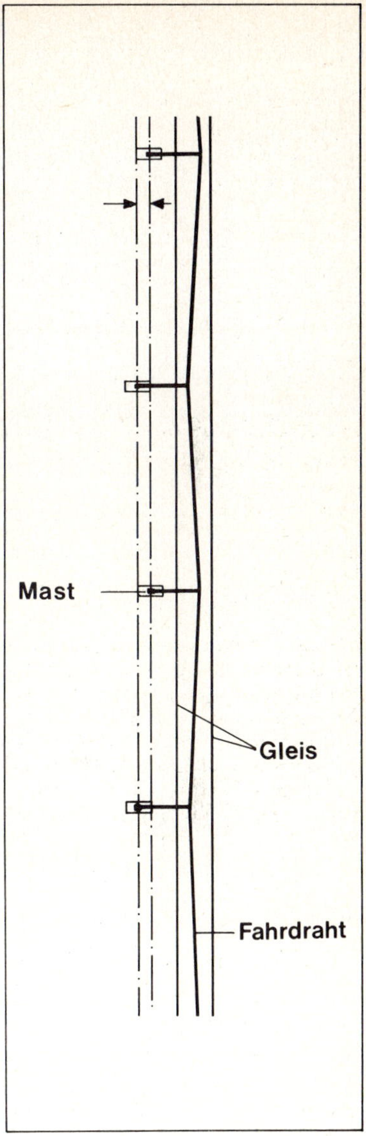

Durch leicht versetzte Anordnung der Oberleitungsmasten (in der Zeichnung der Deutlichkeit halber etwas übertrieben dargestellt) werden die Schleifstücke der Dachstromabnehmer gleichmäßiger abgenutzt.

«Für unabhängigen Zwei-Zug-Betrieb mit Oberleitung benötigt man ein zweites Fahrpult für die Spannungsversorgung des Fahrdrahts. Als gemeinsamer Stromrückleiter dient eine Fahrschiene.»

Auch Vollmer bietet – wie Märklin und Sommerfeldt – ein komplettes H0-Oberleitungssortiment mit Einzel- und Turmmasten.

Vollmer im Fachhandel erhältlich, so daß man für jede Modellbahn die passende Oberleitung finden kann. Ihr Modellbahn-Fachhändler am Ort wird Sie auch in dieser Frage ausführlich beraten können. Wenn Sie nun Ihre Anlage ganz «unter Draht» gebracht haben,

«Will man mehr als zwei nebeneinander liegende Gleise mit einer Oberleitung überspannen, nimmt man anstelle einzelner Fahrleitungsmasten Gittermasten (Turmmasten) mit Querverspannung, in welche dann die Fahrdrahtstücke eingehängt werden.»

kann die erste Probefahrt erfolgen. Rührt sich die Ellok nicht vom Fleck, so steht sie sicherlich «verkehrt herum» auf dem Gleis – drehen Sie sie um, und der Betrieb kann losgehen. Sie haben nun ein Fahrpult für eine «Unterleitungs-Lok» (die ihren Fahrstrom aus einer Fahrschiene entnimmt) und ein Fahrpult für eine «Oberleitungs-Lok» (die ihren Fahrstrom der Fahrleitung entnimmt). Damit können Sie jetzt allein oder zu zweit im echten unabhängigen Zwei-Zug-Betrieb auf Ihrer Anlage fahren, ohne Gleise abschalten zu müssen oder andere elektrotechnische Kniffe anzuwenden. Wenn Sie zusätzlich noch zwei Trix-ems-Loks und zwei Trix-ems-

Fahrpulte hinzunehmen, können Sie – wie im vorigen Kapitel schon angedeutet – sogar vier Züge gleichzeitig auf demselben Gleis fahren bzw. unabhängig voneinander einsetzen, ohne die Loks auf einem Abstellgleis stromlos stellen zu müssen. Was wollen Sie noch mehr? – Jetzt kann der ganz große Betrieb auf Ihrer Modellbahn-Anlage starten.
Abschließend zum Thema «Oberleitung» noch ein praktischer Tip zur Befestigung der Fahrleitungsmasten neben dem Gleis:
Damit die relativ weichen Metallschleifstücke der Dachstromabnehmer nicht unnötig schnell durch die Reibung am Fahrdraht verschleißen, empfiehlt es sich, die Masten jeweils abwechselnd leicht versetzt zu montieren, um eine leichte Zick-Zack-Führung des Fahrdrahts zu erreichen (s. a. Zeichnung rechts außen).

8. Signale regeln den Betrieb

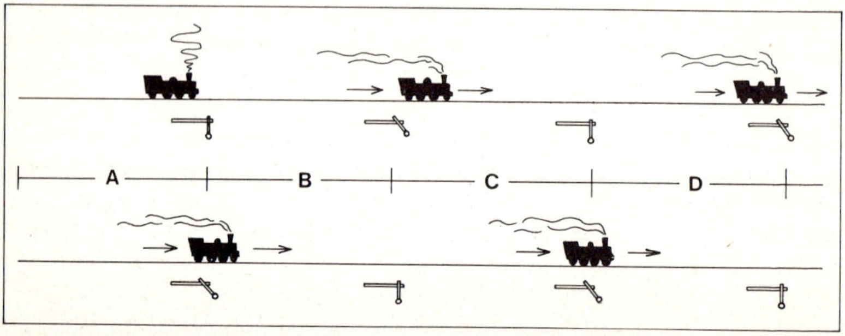

So funktioniert der «Blockbetrieb», wenn mehrere Züge hintereinander auf demselben Gleis fahren sollen. Signale im Blockabstand A, B, C und D sorgen dafür, daß zwischen zwei Zügen aus Sicherheitsgründen immer ein Blockabstand frei bleibt und für die Weiterfahrt gesperrt ist, damit die Züge nicht aufeinander auffahren können.

Signale sind gewissermaßen die Verkehrsampeln der Eisenbahn. Sie sorgen für absolute Sicherheit, denn im Gegensatz zu den Ampeln im Straßenverkehr können sie die Fahrt eines Zuges dank ausgeklügelter Technik auch ohne menschliches Zutun beeinflussen. Überfährt ein Zug ein auf «Halt» stehendes, Rotlicht zeigendes Signal, so wird er nach einigen hundert Metern ohne Zutun des Lokführers automatisch durch eine Zwangsbremsung zum Stillstand gebracht.

Früher – vor mehr als hundert Jahren – war soviel Aufwand noch gar nicht nötig. Anfangs fuhren die Züge mit geringer Geschwindigkeit und in relativ großem Zeitabstand noch auf Sicht, d. h. ohne besondere Signale. Erst später kamen dann Signalzeichen auf, die den Zugverkehr regelten und sicherten. Dann wurden Flügelsignale eingeführt und die Strecke zwischen zwei Bahnhöfen in sogenannte Blockabschnitte eingeteilt. Die Züge fuhren jetzt im «Blockabstand»: Zwischen zwei Zügen

«Signale sind die Verkehrsampeln der Eisenbahn. Sie werden vor betrieblichen Gefahrenpunkten (z. B. vor Weichen an Bahnhofseinfahrten und -ausfahrten) rechts vom Gleis aufgestellt.»

gleicher Fahrtrichtung mußte stets ein Abschnitt frei bleiben, um Auffahrunfälle auszuschließen. Dieses Sicherungssystem wird auch heute noch auf der ganzen Welt bei Eisenbahnen angewendet, weil es den größten Schutz bietet.

Bei unserer Modelleisenbahn haben wir ähnliche Probleme, denn viel zu dicht ist die Zugfolge und viel zu kurz sind die einzelnen Gleisabschnitte. Wir brauchen spätestens bei Einsatz eines zweiten Zuges eine Sicherung der Gleise durch Signale.

Ein Zugzusammenstoß oder eine Falschfahrt im Bahnhof hat zwar auf der Modellbahn-Anlage keine katastrophalen Folgen, aber es könnte immerhin ein teures Lokmodell beschädigt werden oder ein leichter Wagen beim Zusammenstoß aus den Schienen springen, die Kupplungen verbiegen usw. Außerdem – und das ist der wichtigste Grund für das Aufstellen von Signalen auf der Modellbahn – soll die Anlage vorbildgerecht sein, d. h., wir wollen die große Bahn auch bei den Signalen kopieren. Denn dadurch unterscheidet sich ebenfalls eine «Spielbahn» von einer richtigen «Modelleisenbahn».

Bevor wir uns mit den Modellsignalen befassen, soll erst einmal geklärt werden, welche Signale es überhaupt gibt, welchen Zweck sie haben und wo sie aufgestellt werden. Wir beschränken uns dabei auf die wichtigsten Signale: Vorsignale und Hauptsignale. Hinzu kommen beim Vorbild noch weitere Signaltafeln, und schließlich gehören auch die Weichenlaternen im weiteren Sinne zu den Signalen.

Sicherlich haben Sie bei einer Fahrt entlang des Bahndamms schon festgestellt, daß es zwei vom Äußeren her grundsätzlich unterschiedliche Signalbauformen gibt: sogenannte Formsignale mit beweglichen Flügeln und moderne Lichtsignale ohne mechanisch bewegliche Teile. Die Formsignale sind älterer Bauart, man findet sie heute fast nur noch an Nebenstrecken, während Haupt- und Fernstrecken fast ausschließlich mit Lichtsignalen ausgestattet sind.

Als Modellbahner hat man die Wahl, sich für Form- oder Lichtsignale zu entscheiden – beide erfüllen ihren Zweck und auch ein Nebeneinander beider Formen ist nicht vorbildwidrig.

Sehen wir uns zunächst einmal die Formsignale an. Das wichtigste und wohl auch das bekannteste Formsignal ist das einflügelige Hauptsignal. Es zeigt an, ob der in

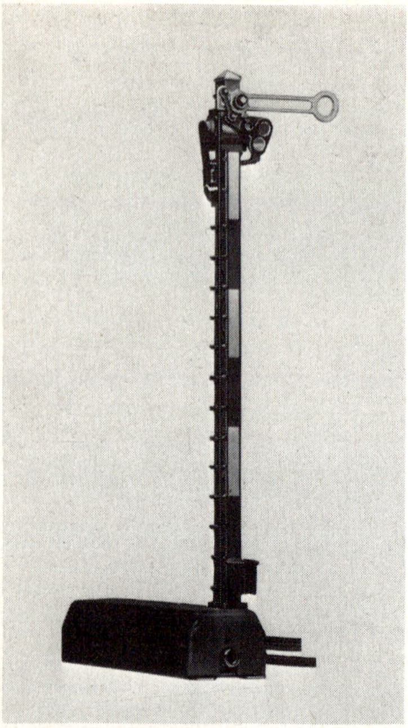

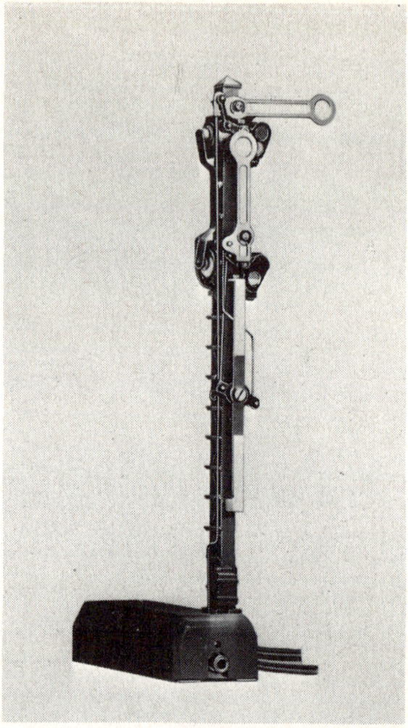

Fahrtrichtung hinter dem Signal liegende Gleisabschnitt befahren werden darf oder nicht. Das Formhauptsignal besteht aus einem weißen, rot umrandeten Flügelarm, der drehbar an einem Mast gelagert ist. Befindet sich der Flügelarm in waagerechter Lage, so bedeutet das dem Lokführer, vor dem Signal anzuhalten. Zeigt der Flügelarm dagegen etwa 45° nach rechts oben, so bedeutet dieses Signalbild «Fahrt frei», und der Zug kann am Signal in den nächsten freien Blockabschnitt einfahren. Bei Dunkelheit, wenn die Stellung des Signalflügels für den Lokführer nicht erkennbar ist, werden die Signalbilder «Halt» und «Fahrt frei» durch ein rotes bzw. ein grünes Licht am Mast signalisiert.

Darüber hinaus gibt es noch sogenannte zweibegriffige Formhauptsignale mit zwei Flügelarmen; man findet sie meist am Bahnhofsein- und -ausfahrten vor Weichen. Bei diesen Signalen wird die Haltstellung (wie beim einflügeligen Signal) durch den oberen waagerechten Flügelarm angezeigt, während der zweite untere Flügelarm senkrecht nach oben geklappt vor dem Mast liegt und in dieser Stellung keine Bedeutung hat.

Bei diesem Hauptsignal kann

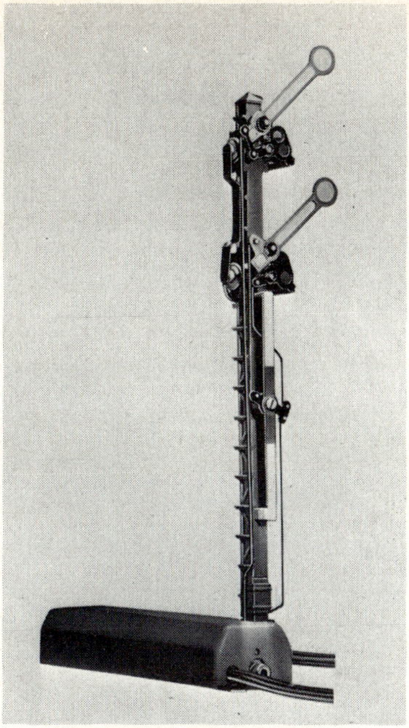

Am Beispiel der Märklin-H0-Signale (andere Fabrikate sind in Aussehen und Funktion ähnlich) sind hier drei Hauptsignale bzw. Signalbilder dargestellt. Von links nach rechts: das einflügelige Formhauptsignal in Halt-Stellung, das zweiflügelige Formhauptsignal in Halt-Stellung und das gleiche Signal mit der Flügelstellung: Fahrt frei mit verminderter Geschwindigkeit.

«Man unterscheidet Formsignale (mit beweglichen Flügeln) und moderne Lichtsignale. Zu jedem Hauptsignal gehört ein Vorsignal, das etwa einen Meter vor dem Hauptsignal aufgestellt wird und die zu erwartende Stellung des Hauptsignals anzeigt.»

ebenfalls – wie bei dem einflügeligen – die «Fahrt frei»-Anzeige durch Schrägstellung des oberen Flügels angezeigt werden; diese Anzeige gilt bei Weichen für die Geradeausfahrt. Weiterhin kann aber noch zusätzlich der untere Flügelarm aus seiner senkrechten Ruhestellung in die gleiche Schräglage wie der obere Flügel gebracht werden. Diese Signalstellung bedeutet «Fahrt frei mit Geschwindigkeitsbegrenzung auf 40 km/h» (oder auf eine durch Zusatzsignal festgelegte andere Geschwindigkeit); diese Stellung trifft dann zu, wenn der gekrümmte Strang einer Weiche befahren werden soll.

Es gibt zweiflügelige Hauptsignale, bei denen die beiden Flügel getrennt gestellt werden können, und solche, bei denen die beiden Flügel nur gemeinsam (gekuppelt) gezogen werden können. Die gekuppelten Signale werden dann aufgestellt, wenn zum Beispiel hinter dem Signal stets das gekrümmte Gleis einer Weiche befahren werden soll.

Um auch dieses Signalbild bei Dunkelheit oder Nebel einwandfrei erkennen zu können, zeigt bei «Fahrt frei» mit beiden Flügeln der obere ein grünes Licht und der

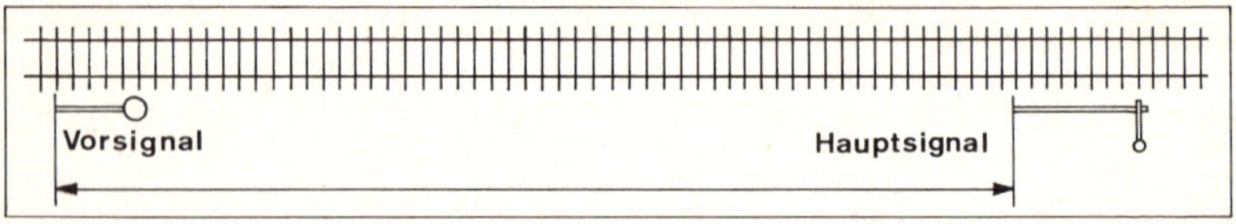

Zwischen Hauptsignal und Vorsignal (beide werden rechts neben dem Gleis aufgestellt) soll ein Abstand eingehalten werden, der dem längsten Bremsweg des Zuges entspricht. Im Modell sollte dieser Abstand etwa 80 cm (in N) bis 1,50 m (in H0) betragen. Dieser Abstand richtet sich zwangsläufig nach den vorhandenen Streckenlängen der Anlage und sollte nach Möglichkeit nicht kleiner, sondern eher größer angestrebt werden.

Unten: Diese beiden Bilder zeigen zwei Formvorsignale (Märklin H0); links in der Stellung «Halt am Hauptsignal erwarten» und rechts mit dem Signalbild «Fahrt frei mit verminderter Geschwindigkeit erwarten». Scheibe und Flügel werden durch den im Antriebskasten untergebrachten Magnetantrieb elektromechanisch betätigt. Dies gilt auch für die Formsignale aller übrigen Fabrikate.

untere zusätzlich noch ein gelbes Licht. Bei »Halt« ist, wie beim einflügeligen Signal, nur ein Rotlicht am oberen Flügel zu sehen.

Soviel zu den Form-Hauptsignalen und deren verschiedenen Signalbildern. Eigentlich gar nicht schwer zu verstehen, wenn man weiß, was die Signalflügel durch ihre Stellung anzeigen können.

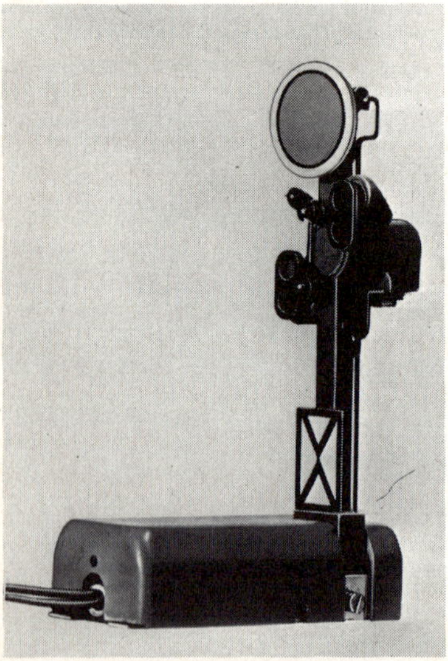

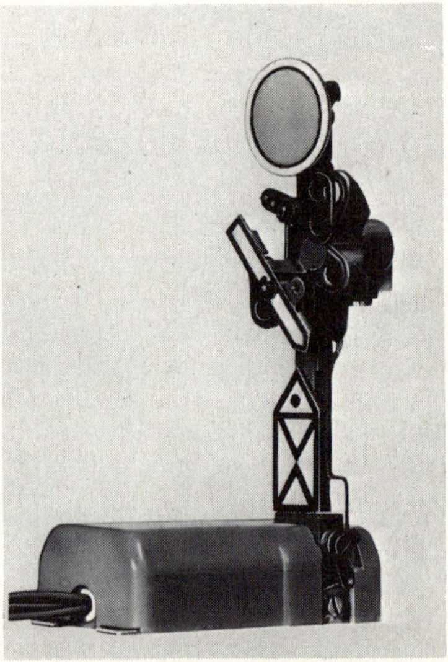

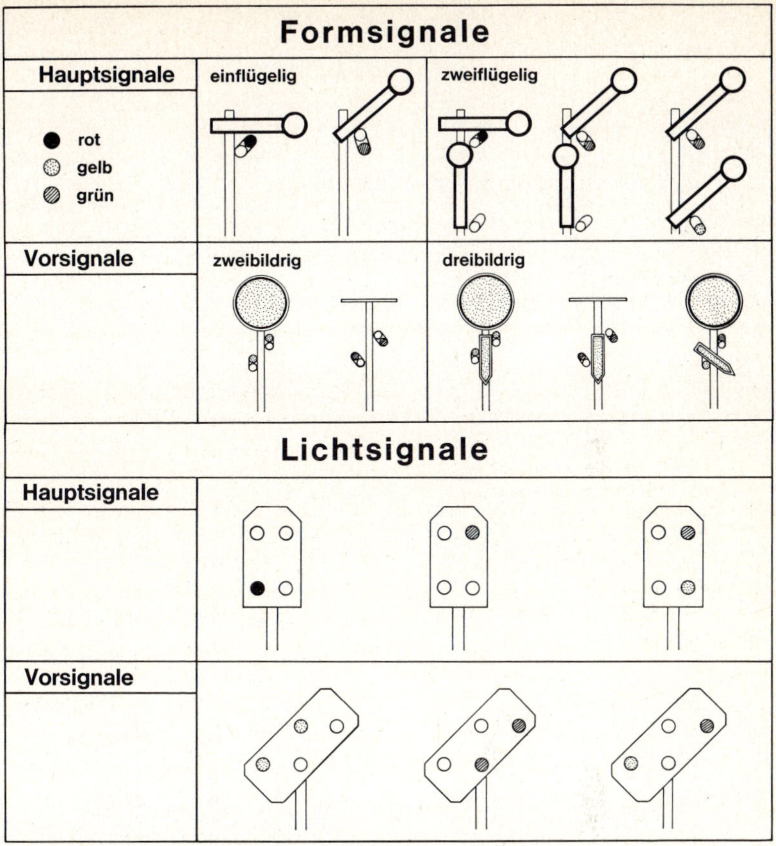

Übersicht über die wichtigsten Signalbauformen und Signalbilder, die auch auf einer kleineren Modellbahn-Anlage nicht fehlen sollten. Die Tafel zeigt in der Reihenfolge von links oben nach rechts unten folgende Signale bzw. Signalstellungen: Halt – Fahrt frei – Halt – Fahrt frei geradeaus – Fahrt frei mit Geschwindigkeitsbegrenzung – Halt erwarten – Fahrt frei erwarten – Halt erwarten – Fahrt frei erwarten – Fahrt frei mit Geschwindigkeitsbegrenzung erwarten. Und bei den Lichtsignalen sind die entsprechenden Lichtanzeigen: Halt – Fahrt frei – Fahrt frei mit Geschwindigkeitsbegrenzung – Halt erwarten – Fahrt frei erwarten – Fahrt frei mit Geschwindigkeitsbegrenzung erwarten.

Nun ist es aber für den Lokführer eines schnellfahrenden Zuges bei Dunkelheit oder diesigem Wetter nur schlecht oder gar nicht möglich, seinen Zug bei Erkennen eines auf «Halt» stehenden Signals noch rechtzeitig vor dem Signal zum Halten zu bringen, denn moderne schnelle Züge haben heute Bremswege, die bei etwa einem Kilometer liegen können. Dieser rechtzeitige Halt vor dem Signal muß aber in jedem Fall garantiert werden.

Zum rechtzeitigen Erkennen der Hauptsignale wurden deshalb die Vorsignale eingeführt, die in einem bestimmten Abstand, der dem jeweils längsten Bremsweg der Züge entspricht, vor den Hauptsignalen aufgestellt werden. Die Vorsignale zeigen an, welche Stellung des nachfolgenden Hauptsignals zu erwarten ist; der Lokführer kann gegebenenfalls also rechtzeitig den Bremsvorgang einleiten.

Bei den Vorsignalen gibt es ebenfalls wieder Formsignale (mit beweglicher Scheibe bzw. Flügel) und Lichtsignale, die im Gegensatz zu den Lichthauptsignalen schräg angeordnete Signalschilder für die Aufnahme der Lampen besitzen.

Das Form-Vorsignal besteht aus einer großen orangegelben Scheibe mit schwarzweißem Rand, die an einem Mast klappbar befestigt

Lichtsignale zeigen die Signalbilder durch wechselndes Leuchten verschiedenfarbener Lämpchen. Im Bild ein Hauptsignal (mit Antriebskasten) und rechts daneben ein Vorsignal ohne Antrieb (Fabrikat Märklin H0).

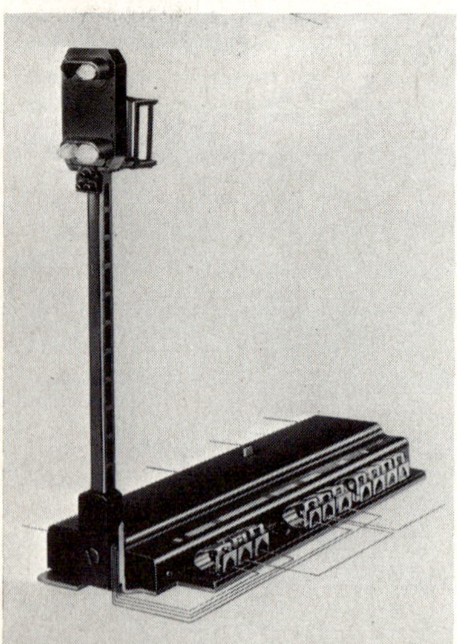

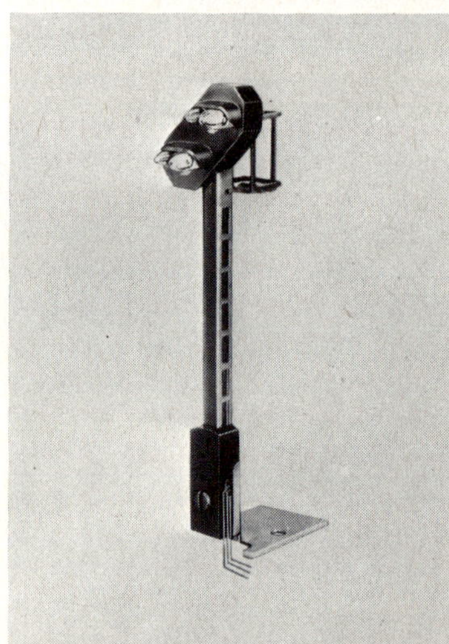

«Die Antriebe und Beleuchtung der Modellsignale werden durch den Wechselstromausgang des Fahrpults mit gleichbleibender Wechselspannung zwischen 14 und 19 Volt) versorgt. Signale werden durch Stellschalter betätigt; sie funktionieren unabhängig von der Stellung des Fahrpult-Regelknopfes.»

ist. Steht die Scheibe senkrecht und ist damit in Fahrtrichtung voll sichtbar, dann bedeutet dies, daß das zu erwartende Hauptsignal «Halt» zeigt; der Lokführer muß dann sogleich mit dem Abbremsen seines Zuges beginnen, um ihn rechtzeitig vor dem Hauptsignal anhalten zu können.

Ist die Vorsignalscheibe in die waagerechte Lage umgeklappt, dann ist am nachfolgenden Hauptsignal «Fahrt frei mit zugelassener Höchstgeschwindigkeit» zu erwarten. Steht ein Vorsignal vor einem zweiflügeligen Hauptsignal, so wird es mit einem am Mast drehbar befestigten Zusatzflügel ausgestattet, der in eine 45°-Schräglage (bei senkrechter Scheibe) gedreht wird, wenn ein Hauptsignal zu erwarten ist, das eine Vorbeifahrt mit verminderter Geschwindigkeit vorschreibt (z. B. vor Bahnhofseinfahrten, Weichenstraßen usw.).

Bei Dunkelheit sind die Form-Vorsignale natürlich auch beleuchtet: Bei waagerechter Scheibe («Fahrt frei am Hauptsignal zu erwarten») zeigt das Vorsignal zwei grüne Lichter in schräger Stellung und bei senkrechter Stellung der Vorsignal-Scheibe («Halt am Hauptsignal zu erwarten») zwei gelbe Lichter. Ist ein Vorsignal mit Zusatzflügel ausgestattet («Fahrt frei mit verminderter Geschwindigkeit am Hauptsignal zu erwarten»), so zeigen sich bei Dunkelheit ein gelbes und ein grünes Licht. Die modernen Licht-Vorsignale zeigen die entsprechenden Signalbilder bei Tag und Nacht.

Soviel zur Bedeutung der Signale und Signalbilder, die der leichteren Übersichtlichkeit halber nochmals bildlich dargestellt sind.

Noch interessanter als dieser Überblick ist sicher die Beantwortung der Frage: Wo und wie stellen wir die Signale auf? Bei den deutschen Eisenbahnen ist der Rechtsverkehr vorgeschrieben, deshalb werden in der Regel alle Signale – vom fahrenden Zug aus

«Fügt man vor einem Hauptsignal ein etwa 30–50 cm langes Trenngleisstück in die Strecke, so kann der Zug bei ‹Halt›-Stellung des Signals automatisch angehalten werden. Fahrstromunterbrechung und -zuschaltung erfolgt durch den Signalantrieb. Das nennt man automatische Zugbeeinflussung.»

gesehen – rechts vom Gleis aufgestellt, und zwar in einem seitlichen Modellabstand von etwa 2 bis 3 cm, in jedem Fall weit genug, daß auch lange Reisezugwagen im Gleisbogen nicht an Signalmasten anecken können.

Die wichtigsten Signale, die auf einer kleineren Anlage aufgestellt werden sollten, sind Einfahr- und Ausfahrsignale für den Bahnhof. Ein Einfahrsignal wird in Fahrtrichtung vor der Bahnhofseinfahrt, d. h. vor der ersten Weiche, aufgestellt. Der Abstand vor der Weiche, also vor dem sogenannten «Gefahrenpunkt», sollte im Modell zwischen 20 und 30 cm betragen. Das Einfahrsignal soll verhindern, daß ein von einem Zug besetztes Bahnhofsgleis von einem anderen Zug befahren wird, während das Ausfahrsignal einen zur Ausfahrt bereitstehenden Zug so lange aufhalten soll, bis der davor liegende Gleisabschnitt von einem anderen Zug nicht mehr besetzt ist. Auch das Ausfahrsignal steht wiederum vor dem Gefahrenpunkt, also beispielsweise vor einer Weiche.

Modellbahn-Formsignale werden elektromagnetisch von einem Stellschalter aus fernbetätigt. Sie besitzen einen ähnlichen Doppelspulenantrieb wie Weichen. Die Stellung der Signalflügel wird durch Hebelgestänge aus dünnem Draht bewirkt, das mechanisch durch den beweglichen Spulenkern im Signalantriebskasten bewegt wird. Der Anschluß und die Betätigung der Signale ist genau so einfach wie bei den Weichen und ist im übrigen in der den jeweiligen Signalpackungen beiliegenden Anschlußanleitung genau und ausführlich farbig bebildert dargestellt. Für fast jedes Modellbahn-Fabrikat gibt es auch ein spezielles Signalsortiment. Da Antrieb und Wirkungsweise bei allen Fabrikaten jedoch im Prinzip gleich oder zumindest ähnlich sind, kann man sich auch Signale anderer Hersteller aussuchen. Märklin, Fleischmann, Trix, Arnold und Zubehör-Hersteller Brawa und Conrad bieten jeweils eine ausreichende Auswahl an teilweise ganz hervorragend gefertigten Formsignalen und Lichtsignalen an, darunter auch Spezialsignale wie Gleissperr- und Rangiersignale, die man auf einer kleineren Anlage zu Anfang jedoch noch nicht benötigt.

Für die Erstausstattung mit Signalen sind Einfahrsignale mit zugehörigem Vorsignal und Ausfahrsignale im Bahnhof ausreichend.

Zum Schluß dieser Übersicht über Signale und ihre Aufstellung noch ein Tip auf eine betrieblich interessante Schaltmöglichkeit, durch die der Zweck der Signale auch auf unserer Modellbahn-Anlage in der Praxis sichtbar wird: die Zugbeeinflussung. – Was heißt das nun schon wieder? Ganz einfach: Was nützt es, wenn wir ein Signal auf «Halt» stellen, weil der dahinter liegende Gleisabschnitt im Bahnhof vielleicht noch durch ei-

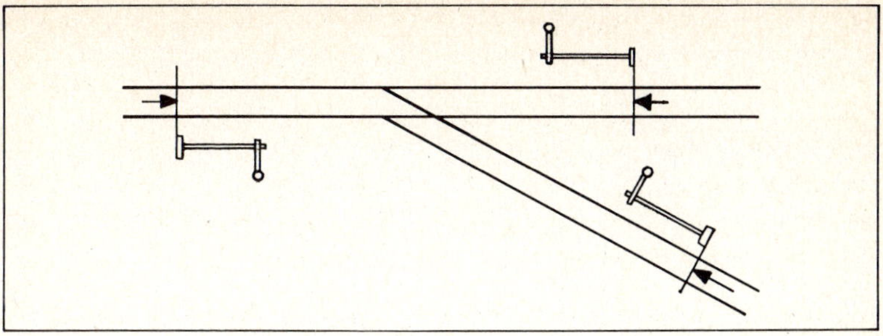

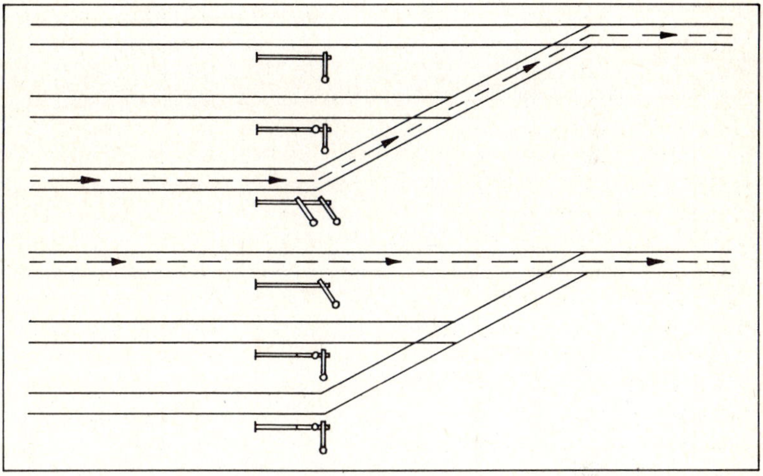

So wird eine in beiden Richtungen befahrene eingleisige Strecke an einer Abzweigung mit Signalen gesichert. Die Signale sollen jeweils 20 bis 30 cm vor dem Gefahrenpunkt, in diesem Fall vor der Weiche, aufgestellt werden (Bild oben).

Die untere Skizze zeigt ein Beispiel für die Signalsicherung einer Bahnhofsausfahrt. Nur jeweils ein Signal darf auf «Fahrt frei» gestellt werden und damit den Fahrweg in die eingleisige Strecke freigeben.

nen anderen Zug besetzt ist, aber vergessen, den heranfahrenden zweiten Zug durch Zurückdrehen des Fahrreglers rechtzeitig zum Halten zu bringen. Das gibt einen unerwünschten Auffahrunfall, und man wird sich unwillkürlich fragen: Kann der Zug nicht automatisch anhalten, wenn das Signal auf «Halt» steht und selbsttätig

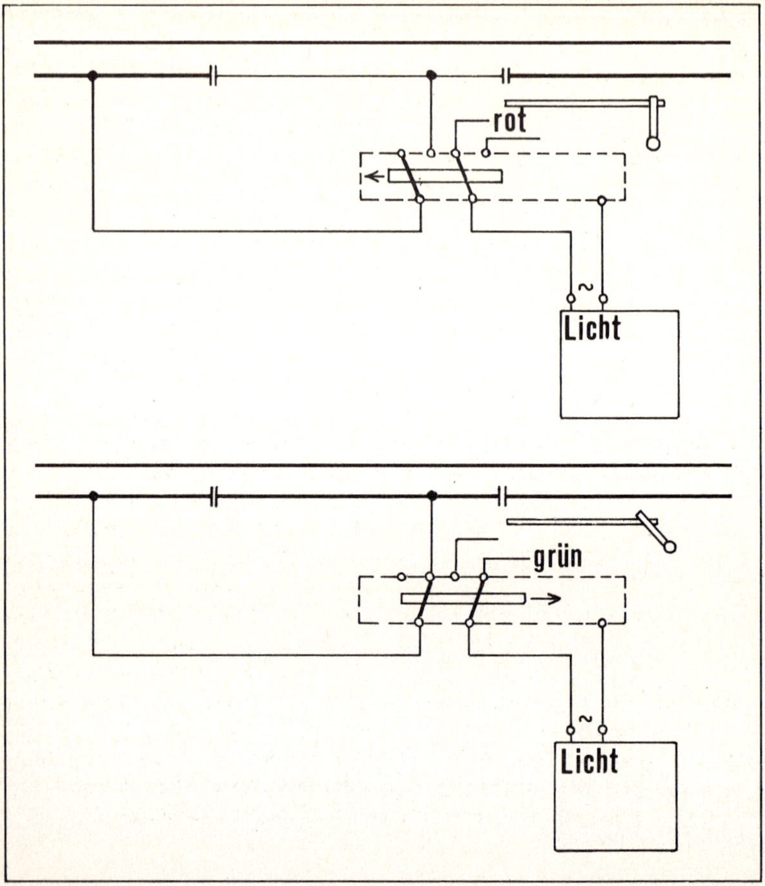

Diese beiden leicht zu verstehenden Schaltbilder zeigen, wie die automatische Zugbeeinflussung in Abhängigkeit von der Signalstellung im Prinzip funktioniert. Der Schieber (Kern) im elektromagnetischen Signalantrieb betätigt beim Stellen einen Kontakt, der den Fahrstrom bei «Rot»-Stellung des Signals im davorliegenden Gleisabschnitt unterbricht und bei «Grün»-Stellung zuschaltet. So kann der Zug automatisch am Halt zeigenden Signal zum Stehen gebracht werden.

wieder anfahren, wenn das Signal auf «Fahrt frei» gestellt wird? Er kann es. Und zwar ist das gar nicht einmal so schwierig. Denn über den Signal-Elektroantrieb kann man gleichzeitig auch den Fahrstrom zu- oder abschalten, wenn ein etwa 30 bis 50 cm langer Gleisabschnitt vor dem Signal durch zwei Trenngleise oder Einsetzen von zwei Isolierschienenverbindern gesondert mit Fahrstrom versorgt wird.

In der Praxis sieht das dann so aus: Der Zug nähert sich dem «Halt» zeigenden Signal und fährt in den isolierten Gleisabschnitt ein. Dieses Gleis (nur eine Fahrschiene) erhält seinen Strom jedoch gesondert über einen Kontakt des Signalantriebs. Dieser Kontakt ist bei Haltstellung des Signals nicht geschlossen, so daß dem Trenngleisabschnitt kein Fahrstrom zugeführt wird; Ergebnis: Der Zug hält automatisch an, weil der Lokmotor nicht mehr mit Fahrspannung versorgt wird.

Wird das Signal am Stellschalter nunmehr auf «Fahrt frei» (Grünlicht) gestellt und damit der Elektromagnet des Signalantriebs in seine andere Endlage gezogen, so wird dabei mechanisch auch der Stromversorgungskontakt innerhalb des Antriebs geschlossen; über die Zuleitung vom Signalantrieb zum Anschluß am Trenngleisabschnitt fließt jetzt wieder die Fahrspannung und der Zug setzt sich bei «Fahrt frei»-Signal von selbst wieder in Bewegung, ohne daß am Fahrpult der Reglerknopf betätigt werden mußte. Eine feine Sache, die den «Lokführer» entlastet; er kann sich dann mehr auf das eigentliche Fahren und Rangieren konzentrieren.

Diese Schaltung zur Signal-Zugbeeinflussung mit zusätzlichem Anschluß zwischen Signalantrieb und Gleistrennstelle ist ebenfalls in den Betriebsanleitungen zu den Signalen der verschiedenen Hersteller dargestellt. Man sollte diese Möglichkeit nutzen, denn sie kostet so gut wie nichts, bringt aber erhebliche Vorteile für den vorbildgetreuen Spielbetrieb.

9. Welche Lok für welchen Zug?

Das typische Beispiel für eine schwere Schlepptender-Dampflokomotive, wie sie in ähnlicher Ausführung von jeder Modellbahnfirma im Katalog angeboten wird. Das Bild zeigt ein H0-Modell der Schnellzug-Lok 005 von Liliput.

Damit Sie selbst mit sicherem Blick entscheiden können, welche Züge für Ihren Modellbahn-Betrieb geeignet sind und wie Sie am zweckmäßigsten eine Auswahl aus dem Riesenangebot der vielen Lokomotiven, Güterwagen und Reisezugwagen treffen, soll hier zunächst einiges Grundsätzliches

«Man unterscheidet je nach Antriebsart beim Vorbild Dampflokomotiven, Diesellokomotiven und Elektrolokomotiven. Die beiden letztgenannten Antriebsarten findet man auch bei Triebwagen.»

über die Vielfalt des Fahrzeugparks der großen Eisenbahn gesagt werden.
Natürlich können Sie sich von vornherein auf den Standpunkt stellen: Es ist doch gleichgültig, welche Lok welchen Zug zieht – Hauptsache, sie fährt ordentlich und der Zug sieht schön bunt aus! Sicherlich werden Sie aber diese Meinung nicht vertreten, denn Sie wollen ja eine Modellbahn-Anlage aufbauen, die weitgehend dem großen Vorbild der Eisenbahn entspricht. Und dazu gehört auch die richtige Auswahl und der vorbildgerechte Einsatz der Züge.
Stellt man sich einmal an eine stark befahrene Bahnstrecke oder beobachtet bewußt den Betrieb in einem Großstadtbahnhof, so bemerkt man, daß es eine ganze Anzahl unterschiedlicher Lokomotiven gibt, verschiedenfarbige Reisezugwagen und eine noch größere Vielfalt an zwei- und vierachsigen Güterwagen. Heute überwiegen Diesellokomotiven und Elektrolokomotiven sowie Triebwagen mit Diesel- oder Elektroantrieb; die wuchtige schnaubende Dampflokomotive gehört – zum Leidwesen vieler Eisenbahnfreunde – nunmehr endgültig der Vergangenheit an und ist nur noch in Museen oder auf Museumsbahnstrekken zu bewundern.
Dampflokomotiven sind die ältesten schienengebundenen Triebfahrzeuge. Im Laufe der zurückliegenden 140 Jahre wurden für die deutschen Eisenbahnen mehr als hundert verschiedene Dampflokomotivtypen (Baureihen) entwickelt – jede für einen ganz bestimmten Einsatzzweck und teil-

Dieses formschöne Märklin-H0-Modell ist eine universell einsetzbare Tenderlokomotive (ohne gesondert angehängten großen Schlepptender) der Baureihe 086.

weise auch speziell für einen ganz besonders schwierigen Streckenabschnitt (z. B. mit sehr kleinen Gleisradien oder großen Steigungen).

Im heutigen modernen Zeitalter hochentwickelter Technik sind die Dampflokomotiven unwirtschaftlich geworden und wurden deshalb aus dem Verkehr gezogen, d. h. in der Eisenbahnersprache «ausgemustert». Nur auf der Modelleisenbahn-Anlage werden diese technischen Wunderwerke früherer Zeit als hervorragende Modellnachbildungen noch Jahrzehnte nostalgische Erinnerung an die sogenannte «gute alte Zeit» wachhalten.

Die vielen äußerlich auffallend unterschiedlichen Dampflok-Baureihen bieten darüber hinaus ein abwechslungsreicheres und lebendigeres Bild – man denke nur an die beweglichen Treib- und Kuppelstangen, richtige Raucheinsätze für den Schlot – als die wenigen und äußerlich sich meist ähnlichen modernen Diesel- oder Elektrolokomotiven der Jetztzeit. Auch die

Wuchtig in jeder Beziehung ist diese Schmalspur-Tenderlokomotive mit der Nummer 996001. Es ist ein Modell der Lehmann-Groß-Bahn, mit der man auch draußen im Garten fahren kann, ohne auf das Wetter Rücksicht nehmen zu müssen.

Zahl der verschiedenen Triebwagen-Baureihen ist heute auf nur noch wenige, meist mehrteilige Einheiten zusammengeschrumpft.

Warum gab es noch vor Jahrzehnten so viele unterschiedliche Loks und Triebwagen und warum gibt es heute nur noch einige wenige Lokomotiv-Baureihen? – Der Grund dafür liegt in erster Linie in der Konstruktions- und Antriebstechnik, die es heute leichter gestattet, mehr oder weniger universell einsetzbare Triebfahrzeuge zu bauen, als dies im Zeitalter der Dampfloks aus technischen Gründen möglich war.

Ein kurzer, interessanter Rückblick auf die Geschichte der Triebfahrzeuge und deren unterschiedliche Konstruktionen ist deshalb sicherlich angebracht und läßt die Regeln der «Zugzusammenstellung» viel leichter verstehen.

Zunächst unterscheidet man grundsätzlich zwischen dem Eisenbahnverkehr auf Hauptstrekken und Nebenstrecken – kurz auch als Hauptbahnen und Nebenbahnen bezeichnet. Hauptbahnen sind stark befahrene Strecken zur Überwindung großer Entfernungen. Die auf ihnen verkehrenden Züge müssen schnell sein und aus wirtschaftlichen Gründen möglichst viele Wagen befördern (bei Schnellzügen kann die größte Zuglänge bis zu 14 Wagen betragen). Der vom Reisenden gewünschte Komfort macht hier auch den Einsatz von Speisewagen (tagsüber) und Schlafwagen (nachts) erforderlich. Auch Gepäckwagen zur Post- und Frachtgutbeförderung werden in solchen «Schnellzügen» mitgeführt.

Auf unserer Modellbahn-Anlage kann man aus Platzgründen kaum «richtig» lange Schnellzüge nachbilden (sie wären bei einer H0-Bahn unter Umständen über 4 Meter lang), sondern wird sich in der Regel auf Züge mit 5 bis 7 Wagen beschränken müssen; aber auch bei der großen Bahn gibt es kurze D-Züge mit nur 5 Wagen.

Dagegen entspricht die Charakteristik einer Nebenbahn viel besser den Gegebenheiten einer Modellbahn-Anlage. Denn auf Nebenbahnen, die vornehmlich dem Zubringerdienst für Hauptbahnen dienen oder den Vorortverkehr bedienen, sind die Zuglängen kürzer und das Zugbild gemischter – ein Reisezug kann hier auch schon einmal ein oder zwei Güterwagen mitführen. Auch Triebwagengarnituren findet man in erster Linie auf Nebenbahnen; im Vorortverkehr (heute: S-Bahn) wird die Personenbeförderung teilweise ausschließlich mit Triebwagenzügen abgewickelt.

Zusätzlich zur Personenbeförderung (Reisezugdienst) muß die Bahn aber auch Güter befördern. Hier unterscheidet man ebenfalls zwischen langen vielachsigen Ferngüterzügen, die große Entfernungen möglichst schnell zurücklegen sollen, und Nahgüterzügen, die von kleinen Güterabfertigungen oder privaten Werksanschlußgleisen Wagen abholen und zum nächstgrößeren Rangierbahnhof befördern, wo die Wagen zu neuen Güterzügen zusammengestellt werden. Im umgekehrten Sinn werden dort Nahgüterzüge zusammengestellt und die Wagen an die verschiedenen Empfangsstationen weitergeleitet. Das erfordert viel Rangierarbeit, so daß sich das Zusammenstellen und Zerlegen von Güterzügen für den Modellbahnbetrieb besonders anbietet.

Entsprechend diesen unterschiedlichen Längen, Gewichten und Geschwindigkeiten der Züge sind die erforderlichen Lokomotiven konstruiert, was ganz besonders deutlich in der Konstruktion der Dampflok optisch für jeden sichtbar zum Ausdruck kommt.

Schnellzug-Lokomotiven erkennt man an ihren großen Rädern, weil sie mit einer Radumdrehung einen möglichst großen Weg zurücklegen sollen; Personenzug-Dampfloks besitzen Räder mittleren Durchmessers, da hier nicht so hohe Reisegeschwindigkeiten gefordert werden. Güterzug-Dampflokomotiven haben dagegen relativ kleine Räder, da hohe Zugkraft bei diesen Loks wichtiger ist als hohe Geschwindigkeit. So läßt sich der vorgesehene Verwendungszweck einer Dampflokomotive auf den ersten Blick an der Größe der Treibräder ablesen.

Außer diesen als Treib- oder Kuppelräder bezeichneten angetriebenen Rädern haben viele Loks zusätzlich noch kleine, meist in Deichseln oder kurzen Drehgestellen gelagerte nicht angetriebene Radsätze (Radsatz = Räder + Achse), die die Loks sicher im Gleis führen sollen. Aus dieser

Ein von Form und Leistung her ausgefallenes Ellokmodell ist die H0-Nachbildung der berühmten schweizerischen Gotthard-Lokomotive «Krokodil», die hier als Märklin-Modell gezeigt wird.

Der Traum vieler Modellbahner und als Zuglok für moderne TEE- und Intercity-Züge ideal: die Ellok der Baureihe 103. Fast jeder Hersteller bietet diese weinrot-elfenbeinfarbene Lok in seinem Sortiment an; unser Bild (oben) zeigt das Märklin-Modell der 103 in Baugröße H0.

Reihenfolge und Anzahl der Lauf- und Treibachsen hat man bei der Bahn eine Zahlen- und Buchstaben-Kennzeichnung entwickelt.

Sicher haben Sie beim Blättern in Modellbahn-Katalogen diese unverständlich erscheinenden Bezeichnungen schon einmal gelesen: Da steht etwas von einer wuchtigen 2'C1-Maschine oder von einer 1'Do1'-Ellok oder gar von einer Bo'Bo'+2'2'-Lok – was haben diese Bezeichnungen zu bedeuten? – Die Erklärung ist nicht

Die Baureihe 144 ist eine Universal-Ellok nach einem älteren Vorbild. Die Abbildung zeigt die Lok als N-Modell von Minitrix.

Auch schwere, zugkräftige Dieselloks gibt es in detailgenauer und vorbildgetreuer Ausführung für alle Baugrößen. Im Bild ist die für schwere Reise- und Güterzüge bestimmte 221 als N-Modell der Firma Arnold zu sehen (Bild oben).

allzu schwierig. Anhand der zeichnerischen Übersicht und der Erläuterungen verstehen Sie diesen «Zahlen- und Buchstabensalat» sehr schnell und wissen künftig, warum diese oder jene Lok so und nicht anders gekennzeichnet ist. Für Sie ist dann eine schwere 2'C1-Schnellzug-Dampflokomotive nicht mehr nur eine «große Lok mit Kohlenwagen dahinter».

Die nicht angetriebenen Laufachsen bei allen Lokomotiven werden mit arabischen Ziffern bezeichnet und die Treibachsen mit großen Buchstaben, und zwar je nach An-

Ein «Mädchen für alles» auf den Strecken der Bundesbahn ist die kleine, aber leistungsstarke Diesellok der Baureihe 211. Die Aufnahme zeigt das vorbildgetreu ausgeführte N-Modell der Firma Fleischmann.

Zu den beliebtesten Triebwagen-Modellen gehört der allbekannte Schienenbus mit Beiwagen, der vornehmlich auf Nebenstrecken zum Einsatz kommt und sich daher auch besonders gut für Modellbahn-Anlagen eignet. Unser Bild zeigt ein H0-Modell von Trix in Zweifarblackierung.

zahl fortlaufend mit 1, 2, 3 ... bzw. A, B, C usw. Demnach bezeichnet man eine Lok mit zwei vorderen Laufachsen und drei Treibachsen als 2C-Maschine. Angehängte Tender (Schlepptender) haben je nach Kohle- und Wasservorrat gesonderte Bezeichnungen, die hier jedoch nicht weiter angesprochen werden sollen, zumal manchmal verschiedene Tender an dieselben Loks gekuppelt wurden.

Die Kennzeichnung der Lokomotiven geht über diese Zahlen/Buchstaben-Kombinationen noch hinaus. Sind die Laufräder einer Lok zum Beispiel nicht fest im Hauptrahmen der Maschine angeordnet, sondern in besonderen Lauf- oder Drehgestellen, so wird das in der Kennzeichnung durch einen rechts oben neben der Laufradzahl angeordneten Strich vermerkt.

Bei einigen Lok-Bauarten sind die Treibachsen in zwei oder mehr gemeinsamen Gestellen gelagert, die drehbar am Hauptrahmen der Lok angebracht sind; die Kennzeichen der Achsenanordnung werden in diesem Fall in eine Klammer gesetzt.

Elektrolokomotiven werden heute beim Vorbild meist mit Einzelachsantrieben ausgerüstet, d. h., die Triebachsen sind nicht mehr durch Stangen gekuppelt, sondern werden jeweils von einem eigenen Motor angetrieben. In diesem Fall wird hinter der Treibradsatz-Anzahl zusätzlich noch eine kleine Null hinzugesetzt. Sind diese einzeln angetriebenen Radsätze in je zwei eigenen Drehgestellen zusammengefaßt – wie heute bei allen modernen Elloks – so heißt die Achsbezeichnung dann beispielsweise Bo'Bo', das heißt: Diese Lok hat zwei zweiachsige Drehge-

Zwei Liliput-H0-Modelle nach betagten Vorbildern aus der Reichsbahnzeit: links ein viertüriger Eilzugwagen, darunter ein älterer Reisezug-Gepäckwagen.

Das H0-Modell eines alten preußischen Reisezugwagens von Liliput (links); darunter die Märklin-H0-Modellausführung eines kombinierten Sitzwagens mit Speiseraum.

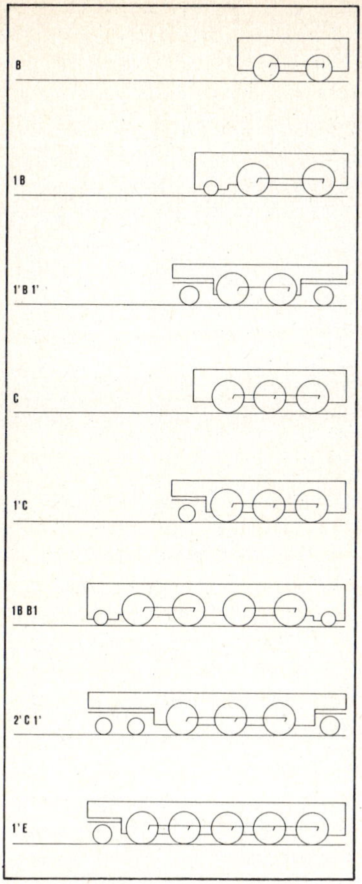

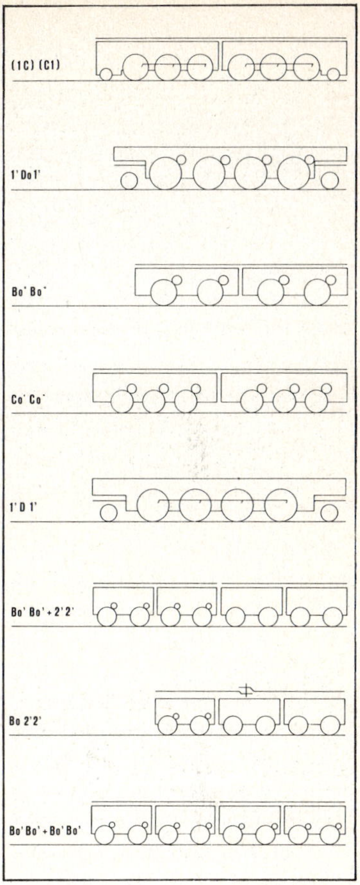

Im linken Teil der Übersicht über Lokomotiv-Fahrgestellbauformen finden sich bei den oberen fünf Skizzen typische Beispiele für Dampf-Tenderlokomotiven, während die drei unteren Skizzen Achsanordnungen einer großen Ellok (1B B1) und zweier Schlepptender-Dampfloks typischer Ausführung zeigen. Die Schlepptender sind nicht skizziert.

Im rechten Teil der Übersicht finden sich Fahrgestell-Bezeichnungsbeispiele für große Elloks und für Triebwageneinheiten. Bei diesen Fahrzeugen findet man vielfach den Einzelachsantrieb, der in der Kennbuchstaben-Kurzbezeichnung durch eine kleine nachgesetzte Null kenntlich gemacht wird.

stelle und jeder Radsatz besitzt einen eigenen Antrieb. Diese Achsbezeichnung wird immer in der vorgesehenen Vorwärtsfahrtrichtung aufgezählt; bei modernen symmetrisch aufgebauten Loks spielt das allerdings keine Rolle mehr. Sehen Sie sich einmal in Ruhe genau die bildliche Darstellung der Achsfolgebezeichnungen an, dann werden Sie die Angaben in den Katalogen der Modellbahn-Hersteller künftig mit Kennerblick einordnen können.

Aber das Zahlenspiel geht noch weiter. Auf den Fronten und Seitenwänden der Lokomotiven findet sich heute eine siebenstellige Nummer – zum Beispiel 001 2120 oder 111 022-9. Was bedeutet das denn nun?

Diese seit Ende der sechziger Jah-

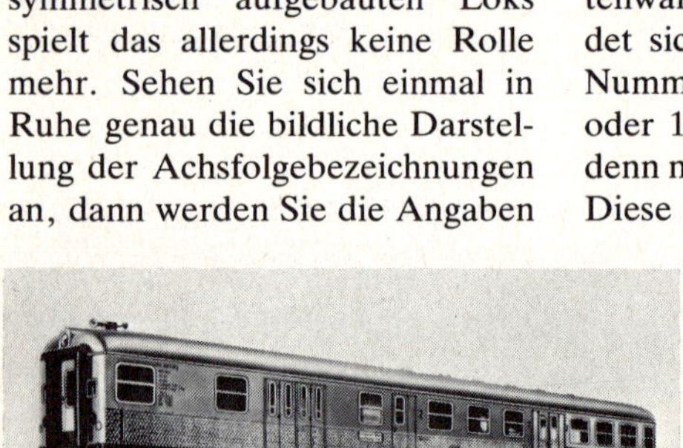

Moderne DB-Betriebstechnik verkörpert das H0-Modell des Wendezug-Steuerwagens von Märklin (links); daneben die Sitzwagen-Ausführung der DB-Nahverkehrswagen als Fleischmann-H0-Modell.

Ein typisches Beispiel für einen dampflokgezogenen Schnellzug; als Zuglok dient eine BR 001, dahinter der Gepäckwagen und – je nach möglicher Zuglänge – zwei oder mehr Reisezug-Sitzwagen, Speisewagen und vielleicht auch noch ein Post- oder Schlafwagen.

re bei der Bundesbahn eingeführte neue Kennzeichnung aller Triebfahrzeuge besteht aus je zwei dreistelligen Zahlengruppen und einer durch Bindestrich getrennten sogenannten Kontrollziffer. Die erste Dreierzahlengruppe bezeichnet die Baureihe der Lokomotive, die zweite eine sogenannte Ordnungszahl, man könnte vereinfachend auch sagen: die laufende Nummer der gebauten Stückzahl dieser Lokbaureihe. Wichtig für uns sind eigentlich nur die ersten drei Ziffern, die zum eigentlichen Erkennen der Lokomotiv-Baureihe entscheidend sind. Die erste Ziffer gibt die Antriebsart an: 0 = Dampflok, 1 = Ellok, 2 = Diesellok usw.; die beiden letzten Ziffern bezeichnen die eigentliche Baureihe.

Früher wurde die Antriebsart bei Elektrolokomotiven durch ein E vor der Baureihenbezeichnung gekennzeichnet, bei Dieselloks durch ein V (V = Verbrennungsmotor), bei Elektrotriebwagen durch ET usw. Diese Buchstabenkennzeichnung gibt es heute beim Vorbild nicht mehr, aber man findet sie noch auf vielen Modell-Fahrzeugen, die Vorbilder früherer Jahre in ausgezeichneter Ausführung wiedergeben und von vielen Modellbahn-Freunden besonders geschätzt werden.

Bei den Wagen ist die Unterscheidung etwas einfacher; hier bildet unter anderem die Wagenklasse ein wesentliches Unterscheidungsmerkmal: A = 1. Klasse, B = 2. Klasse und D = Dienstwagen (z. B. Gepäckwagen). Fast jeden

Einige Bildbeispiele für kurze zweiachsige Güterwagen. Die Bilder zeigen von links oben nach rechts unten: Mittenselbstentladewagen mit kippbarem Aufbau (Liliput H0), moderner internationaler Kühlwagen (Trix H0), Container-Tragwagen mit zwei abnehmbaren Containern (Märklin H0), zweiachsiger Einheits-Kesselwagen (Märklin H0), funktionsfähiger Selbstentladewagen (Fleischmann H0) und einen Schiebedachwagen mit beweglichen Dachhälften (Märklin H0). Modelle nach gleichen oder ähnlichen Vorbildern werden von fast allen Modellbahn-Herstellern in den Katalogen angeboten.

Vorbildwagen gibt es in irgendeiner Ausführung auch als Modell. Am interessantesten sind sicher die weinrot-cremefarbenen TEE- und IC-Wagen für den Fernschnellverkehr. In Abmessungen und Ausführung ähnlich sind die «normalen» Reisezugwagen, die bei vielen Modellbahn-Herstellern wahlweise in der neuen Bundesbahn-Zweifarblackierung Ozeanblau/Beige oder in den früheren grünen (2. Klasse) oder blauen (1. Klasse) Lackierungen angeboten werden. Auch die silberfarbenen Nahverkehrswagen, ältere vierachsige Eilzugwagen und sogar noch Vorkriegs-Abteilwagen findet man in den Modellbahn-Katalogen.

Noch vielfältiger ist das Angebot an Güterwagenmodellen: zweiachsige und vierachsige, alte Flachdachwagen und moderne Container-Tragwagen, offene Güterwagen und farbenfrohe Kessel-

«Loks und Wagen müssen zusammenpassen: Vor einen langen Reisezug gehört eine starke Dampflok mit Schlepptender oder eine moderne mehrachsige Diesel- oder Ellok.»

wagen bieten die Möglichkeit, einen bunt gemischten Güterzug zusammenzustellen.
Selbst wenn man zu Anfang noch nicht allzuviel von der großen Eisenbahn und der Zusammenstellung der Züge versteht, sieht man doch ein, daß man beispielsweise an eine in preußischen Länderbahnfarben lackierte Dampflok keine modernen Container-Tragwagen anhängen sollte oder an eine schnittige 103-Ellok keine alten zweiachsigen Güterwagen.
Irgendwie müssen die Fahrzeuge entsprechend ihrer Einsatzzeit («Epoche» nennt das der Modellbahner) und dem ihnen zugedachten Verwendungszweck ausgewählt werden, wenn der Zug auch im Modell vorbildgerecht wirken soll.
Deshalb soll hier ein kurzer Überblick gegeben werden über Zugzusammenstellungen, bei denen Lokomotive und Wagen zusammen-

Lokomotiv-Baureihen und ihr Einsatz

Die nachfolgende Auswahl stellt einige Lokomotiv-Baureihen mit ihren Bezeichnungen und Einsatzgebieten vor. An Hand der Kataloge der Modellbahn-Hersteller können Sie diese Auswahl weiter vervollständigen und weitere passende Lokomotiven für Ihre Modellbahn-Anlage aussuchen.

1. Dampflokomotiven

Baureihen-bezeichnung	alte Bezeichnung (vor 1967)	Achsanordnung	Kennzeichen und hauptsächliche Einsatzgebiete	Einsatzzeitraum beim Vorbild
001	01	2'C1'	Schnellzuglok	1925–1968
003	03	2'C1'	leichte Schnellzuglok	1930–1966
–	05	2'C2'	Stromlinien-Schnellfahrlok	1935–1963
011	01^{10}	2'C1'	zugstarke Schnellzuglok	ab 1953
012	01^{10} Öl	2'C1'	zugstarke ölbefeuerte Schnellzuglok	ab 1959
–	10	2'C1'	schwere Stromlinien-Schnellzuglok	1957–1968
–	17^{0}	2'C	preußische Schnellzuglok	1910–1948
018	$18^{4\ 5}$	2'C1'	bayerische Schnellzuglok	1923–1963
023	23	1'C1'	Personenzug-Lokomotive	ab 1950
–	24	1'C	Personenzug-Lokomotive	1926–1966
038	38^{10}	2'C	Universal-Lokomotive	ab 1906
–	39	1'D1'	leistungsstärkste Personenzuglok	1922–1966
041	41	1'D1'	Schnellfahr-Güterzuglok	ab 1936
042	41 Öl	1'D1'	ölbefeuerte Güterzuglok	ab 1961
043	44 Öl	1'E	ölbefeuerte Güterzuglok	ab 1955
044	44	1'E	schwere Güterzuglok	ab 1926
045	45	1'E	stärkste Güterzuglok	1936–1968
050	50	1'E	Universal-Lokomotive	ab 1939

Baureihen-bezeichnung	alte Bezeichnung (vor 1967)	Achsanordnung	Kennzeichen und hauptsächliche Einsatzgebiete	Einsatzzeitraum beim Vorbild
–	$54^{15\ 17}$	1'C	bayerische Güterzuglok	1919–1966
055	55^{25}	D	Güterzuglok	ab 1913
–	58	1'E	Güterzuglok	1917–1966
064	64	1'C1'	Universal-Tenderlok	ab 1928
065	65	1'D2'	Personenzug-Tenderlok	1951–1966
–	70	1 B	bayerische Nebenbahnlok	1909–1968
078	$78^{0\ 5}$	2'C2'	Personenzug-Tenderlok	ab 1912
082	82	E	Güterzug-Tenderlok	ab 1950
086	86	1'D1'	Güterzug-Tenderlok	ab 1928
–	$89^{70\ 75}$	C	Universal-Tenderlok	1878–1968
093	$93^{5\ 12}$	1'D1'	Güterzug-Tenderlok	1919–1968
098	98^{8}	D	Lokalbahnlok	1911–1969

2. Elektrolokomotiven

103	E 03	Co'Co'	Schnellzuglok (TEE und IC)	ab 1965
104	E 04	1'Co1'	Personenzuglok	ab 1933
110	E 10	Bo'Bo'	Universal-Lokomotive	ab 1952
111	–	Bo'Bo'	Universal-Lokomotive	ab 1974
112	E 10^{12}	Bo'Bo'	Schnellzuglok	ab 1962
116	E 16	1'Do1'	bayerische Schnellzuglok	ab 1926
117	E 17	1'Do1'	Schnellzuglok	ab 1928
118	E 18	1'Do1'	schwere Schnellzuglok	ab 1935
119	E 19	1'Do1'	schwere Schnellzuglok	ab 1939
132	E 32	1'C1'	Personenzuglok	ab 1925
140	E 40	Bo'Bo'	Universal-Lokomotive	ab 1957
141	E 41	Bo'Bo'	Universal-Lokomotive	ab 1956

Baureihen-bezeichnung	alte Bezeichnung (vor 1967)	Achsanordnung	Kennzeichen und hauptsächliche Einsatzgebiete	Einsatzzeitraum beim Vorbild
144	E 44	Bo'Bo'	Universal-Lokomotive	ab 1932
150	E 50	Co'Co'	schwere Güterzuglok	ab 1957
151	–	Co'Co'	schwere Güterzuglok	ab 1972
152	E 52	2'B B2'	schwere Personenzuglok	ab 1924
160	E 60	1'C	bayerische Rangierlok	ab 1927
163	E 63	C	Rangierlok	ab 1935
169	E 69	Bo	leichte Personenzuglok	ab 1905
181.2	–	Bo'Bo'	Zweisystemlok für Europaverkehr	ab 1974
191	E 91	C'C'	schwere Gelenklok	ab 1929
194	E 94	Co'Co'	schwere Güterzuglok	ab 1940

3. Diesellokomotiven

211	V 100^{10}	B'B'	Universal-Nebenbahnlok	ab 1958
212	V 100^{20}	B'B'	schwere Nebenbahnlok	ab 1962
215	–	B'B'	Universal-Diesellok	ab 1968
216	V 160	B'B'	Universal-Diesellok	ab 1963
217	V 162	B'B'	Universal-Diesellok	ab 1968
218	V 164	B'B'	Universal-Diesellok	ab 1968
220	V 200^{0}	B'B'	schwere Diesellok	ab 1956
221	V 200^{1}	B'B'	schwere Universallok	ab 1962
232	V 320	C'C'	schwere Universallok	ab 1962
236	V 36	C	leichte Personenzuglok	ab 1938
260	V 60	C	Rangierlok	ab 1956
265	V 65	D	schwere Rangierlok	ab 1965
280	V 80	B'B'	leichte Universallok	1952–1977

Baureihen-bezeich-nung	alte Be-zeichnung (vor 1967)	Achs-anord-nung	Kennzeichen und hauptsächliche Einsatzgebiete	Einsatzzeit-raum beim Vorbild
288	V 188	Do+Do	schwere Güterzuglok	1939–1971
290	V 90	B'B'	schwere Rangierlok	ab 1964
331	Köf III	B	leichte Rangier-Kleinlok	ab 1959
4. Triebwagen				
403	–	Bo'Bo'+Bo'Bo' +Bo'Bo' +Bo'Bo'	Intercity-Schnellverkehr	ab 1973
420		Bo'Bo'+Bo'Bo' +Bo'Bo'	S-Bahn-Nahverkehr	ab 1971
425	ET 25	Bo'2'+2'Bo'	Nahverkehr	ab 1935
430	ET 30	Bo'2+2'2' +2'Bo'	Ruhrgebiet-Bezirksverkehr	ab 1956
456	ET 56	Bo'2'+2'2' +2'Bo'	Bezirksverkehr	ab 1952
465	ET 65	Bo'Bo'	Stuttgarter Vorortverkehr	ab 1933
485	ET 85	Bo'2'	Vorortverkehr in Bayern	ab 1924
515	ETA 150	Bo'2'	Vororttriebwagen mit Akku-Antrieb	ab 1953
601	VT 11.5	B'2'+2'2'+2'2' +2'2'+2'2'+2'2' +2'B'	Intercity-Schnellverkehr	ab 1957
613	VT 08	B'2'+2'2'+2'2'	Fern-Schnellverkehr	ab 1952
624	VT 23	B'2'+2'2'+2'B'	Städte-Schnellverkehr	ab 1961
701	VT 55	1A/AA	Turmtriebwagen für Oberleitungs-Reparaturen	ab 1955
798	VT 98	Bo	Schienenbus	ab 1953

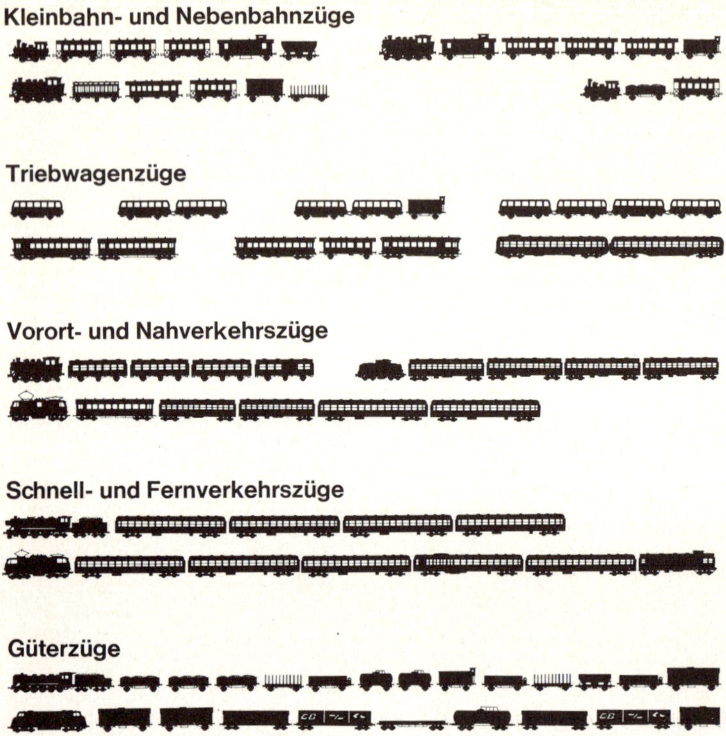

Die hier als Symbolskizzen zusammengestellten Zuggarnituren sind nur einige wenige Beispiele für mögliche Zugbildung, zeigen aber grundsätzliche Regeln für die Zusammenstellung von Zügen.

«Ein Schnellzug sollte aus mindestens vier oder fünf Wagen bestehen; darüber hinaus können Gepäckwagen, Postwagen und Speisewagen bzw. Schlafwagen angehängt werden.»

passen, und schließlich soll der gesamte Zug auch zur Anlage passen. Dabei hilft die Tabelle, in denen die Lokomotiven nach ihrem Einsatzgebiet unterteilt sind.

Schnellzüge gehören eigentlich nicht auf kleine Anlagen mit einem Landbahnhof, der nur zwei Gleise hat – aber was soll's: Wenn Sie auf einer kleinen Modellbahn-Anlage trotzdem einen Schnellzug fahren wollen, tun Sie's eben, auch wenn es eigentlich ein «Stilbruch» ist. Aber dann sollten wenigstens Lok und Wagen zusammenpassen.

Kleinbahn- und Nebenbahnzüge

Das, was man heute unter Eisenbahn-Nostalgie versteht, kommt bei Klein- und Nebenbahnen besonders deutlich zum Ausdruck. Kurze Tenderloks mit meist zweiachsigen, ebenfalls in der Regel kurzen Wagen prägen das Bild einer Nebenbahn. Sogenannte «Länderbahn-Wagen» mit offenen Plattformen, alte Abteilwagen und ein oder zwei kurze zweiachsige Güterwagen am Zugschluß sind charakteristisch. Selbst extrem kurze Züge mit nur zwei Wagen können durchaus vorbildgerecht sein.

Triebwagenzüge

Triebwagen sind universell auf jeder Modellbahn-Anlage einzusetzen. Vom zweiachsigen Nebenbahn-Triebwagen bis zum modernen mehrteiligen Schnelltriebwagen reicht das Angebot der Modellbahn-Hersteller. An zweiachsige Triebwagen mit Beiwagen (hier ist der Schienenbus VT 98 Favorit) kann im Nebenbahnverkehr auch ein zweiachsiger Güterwagen angehängt werden. Vierachsige Triebwagen mit Mittelwagen oder sogenannten Steuerwagen werden oft auch im Wendezugbetrieb mit Pendelverkehr eingesetzt, weil sie beim Vorbild auf jeder Seite mit einem Führerstand ausgestattet sind.

Vorort- und Nahverkehrszüge

Hier findet man die buntesten Zuggarnituren; sie reichen vom leichten Personenzug mit Tenderlok und dreiachsigen Wagen, über Dieselloks mit vierachsigen älteren und moderneren Eilzugwagen bis zum längeren Ellok-bespannten Nahschnellverkehrszug mit Eilzug- und langen Reisezugwagen.

Schnell- und Fernverkehrszüge

Hier ist die Zusammenstellung «rassereiner» Züge mit vier, fünf oder mehr langen, modernen Reisezugwagen angebracht. Als Zuglok kann eine schwere Dampflok (z. B. Baureihe 01 oder 03 oder 05) dienen oder eine Diesellok (221) bzw. Ellok (103). Kann die Zuggröße größer als vier Wagen sein, so ist das Anhängen eines Gepäckwagens oder Schlaf- bzw. Speisewagens möglich. Unter Umständen reicht es auch noch für einen Postwagen.

Güterzüge

Bei Güterzügen ist für den Modellbahn-Beginner «fast alles erlaubt, was gefällt». Nur auf eines sollte man achten: nach Möglichkeit keine alten zweiachsigen Güterwagen (z. B. mit hochliegendem Bremserhaus) zusammen mit modernen vierachsigen Container-Triebwagen einsetzen; das paßt nicht zusammen. Vorbildgerecht sieht es aus, wenn beispielsweise von einer bestimmten Wagengattung (z. B. Kesselwagen oder mit Kohle beladener Güterwagen) nicht nur ein Modell, sondern zwei, drei oder mehr hintereinander im Zug fahren. Die Länge eines schweren, von einer großen Schlepptender-Dampflok oder einer Ellok bzw. Dieselmaschine gezogenen Güterzuges richtet sich nach der Gleislänge auf der Anlage. Ein Güterzug kann sehr kurz sein (vier oder fünf Wagen auf Nebenbahnen) oder aber sehr lang (mehr als 30 Wagen). Güterzüge werden – außer beim Rangieren im Güterbahnhof – grundsätzlich von der Lok gezogen, geschobene Güterzüge gibt es nicht.

Bevorzugen Sie Dampfloks, so können zum Beispiel die BR 001, 003 oder 005 eingesetzt werden. Die dazu passenden modernen Wagen sind die 27 cm oder 30 cm langen Reisezugwagen (in Baugröße H0); in N sind diese «langen» Wagen nur 165 mm lang, so daß man auch bei kleineren Anlagen schon leichter die gewünschte Zuglänge von 5 bis 8 Wagen zusammenstellen kann, ohne daß der Zug für die Anlage zu lang wird.

Zu Dampfloks passen besser die einfarbigen Reisezugwagen in Grün oder Blau, während bei Dielloks (z. B. Baureihe 216 oder 221) und Elloks (Baureihe 103, 110, 112, 140) auch schon die neueren zweifarbigen Reisezugwagen passen. Ob man sich Diesel- oder Elloks in der ursprünglichen bis etwa 1975 bei der DB allgemein üblichen Lackierung in Weinrot, Grün oder Blau zulegt oder auch hier die moderne zweifarbige Einheitslackierung in Ozeanblau/Beige bevorzugt, bleibt dem persönlichen Geschmack des einzelnen überlassen. Es hat natürlich auch damit zu tun, welchen Zeitabschnitt (Epoche) man im Modell darstellen will – zu einem Dampfzug der fünfziger Jahre passen die modernen zweifarbigen Reisezugwagen eben nicht, weil es sie zu dieser Zeit noch nicht gab.

Für Eilzüge und kürzere Schnellzüge passen fast alle Loks, und bei den Wagen findet man neben alten, etwas kürzeren vierachsigen Eilzugwagen, modernisierten Umbauwagen und Nahverkehrswagen mit Mitteleinstiegen auch moderne Schnellzugwagen. Oftmals ist das Bild eines Eilzugs oder Vorortzuges ziemlich bunt in bezug auf die Wagenzusammenstellung.

Für Güterzüge bevorzugen Dampflokfreunde zum Beispiel die BR 050, 051 oder 041, die Dieselloks hierfür sind unter anderem die 216 oder 218, und als Elloks eignen sich die Baureihen 140, 150 und 151, um hier nur einige zu nennen.

Als Beginner auf dem Riesenspielplatz des Modellbahn-Hobbys sollte man diese vielen feinen Unterschiede allerdings für den Anfang noch nicht überbewerten. Erst «richtige» Modellbahner – zu denen Sie sicherlich auch bald zählen werden – treffen die Auswahl von Fahrzeugen nach besonders kritischer Prüfung, weil sie genau wissen, wann und zu welchen Zeitabschnitten bestimmte Fahrzeuge bei der Bahn gefahren sind. Für den Anfang reicht es aus, sich an hier beschriebenen grundsätzlichen Unterschieden zu orientieren, damit man nicht durch wahllosen Kauf irgendwelcher Modelle völlig abwegige Zusammenstellungen auf die Gleise bringt.

Eine Anzahl ausgewählter Bildbeispiele zeigt darüber hinaus einige typische Fahrzeuge, mit denen Sie in vielen Fällen «richtigliegen». Und schließlich sollte es nicht Sinn dieses Buchkapitels sein, Ihnen vorzuschreiben, was

Sie kaufen und was Sie nicht kaufen dürfen. Denn in erster Linie sollen Ihnen die Loks und Wagen gefallen; später werden Sie ganz von selbst dazu kommen, eine bestimmte Auswahl zu treffen, um Züge zusammenzustellen, die nach Zeitepoche, Anlagencharakter und Anlagengröße aufeinander abgestimmt sind.
Bei dieser Gelegenheit ist der Hinweis angebracht: Schauen Sie sich doch mal wieder auf einem Bahnhof näher um. Gerade dort findet sich eine Vielzahl von Anregungen für die Zusammenstellung von Zügen.
Der Bahnhof oder die freie Strekke bieten zudem eine Menge Anregungen für die Landschaftsgestaltung und das richtige Aufstellen von Modellgebäuden – zwei weitere wichtige Schritte auf dem Weg zu einer richtigen und vorbildgetreuen Modellbahn, die in den folgenden Kapiteln ausführlich behandelt werden, damit Sie auch auf diesem Gebiet bald zu den Modellbahn-Experten gehören.

10. Landschaft kann man selber bauen

Die landschaftliche Gestaltung ist die wohl phantasievollste gestalterische Arbeit an einer Modelleisenbahn-Anlage und manche meinen: Es ist auch die schönste Arbeit.

Aber es ist nicht damit getan, eine Wiesenmatte auf die Anlagengrundplatte zu legen, einen 30 oder 40 cm langen Ecktunnel über einen der Gleisradien zu stellen und hier und da noch ein paar Bäumchen aufzustellen – das ist nicht das, was der Modellbahner Landschaftsgestaltung nennt. Die Landschaft auf der Modellbahn

Eine «Toporama»-Landschaftsmatte wird wie ein Teppich auf der gleich großen Anlagengrundplatte aufgerollt; als Zubehör gibt es Bahndamm-Auffahrten.

soll naturgetreu sein, das heißt: Sie soll genauso wie Bahnanlagen und Fahrzeuge das Vorbild – in diesem Fall die Natur – im verkleinerten Maßstab darstellen und zu kopieren versuchen.
Nun unterliegt die Landschaftsgestaltung aber in einer Reihe von Punkten ganz eigenen Gesetzen. Zunächst beginnt es damit, daß man sich als Modellbahner erst einmal mit dem Gleisplan beschäftigt und seine Überlegungen anschließend der landschaftlichen Gestaltung der Anlage zuwendet. Beim großen Vorbild ist es genau umgekehrt: Die Landschaft ist vorhanden und in ihrer Form vorgegeben; die Bahn versucht nun, ihre Strecke der Landschaft anzupassen. Mit zahlreichen Kunstbauten, angeschütteten Dämmen, Einschnitten, Tunnelanlagen, Brücken usw. versuchen die Ingenieure, die Bahnlinie nach Möglichkeit auf dem kürzesten Weg zwischen zwei Bahnhöfen zu planen und zu bauen.
Der Modellbahner, der den umgekehrten Weg beschreitet, muß deshalb versuchen, diesen optischen Eindruck im nachhinein zu erreichen. Das heißt: Modellbahn und Landschaft müssen nach ihrer

Nach Festheften der «Toporama»-Matte auf der Grundplatte können Modellgebäude auf vorbezeichnete Flächen gestellt werden, sowie Bäume und anderes Ausstattungsmaterial. Die Gleisverlegung erfolgt ebenfalls auf vorgezeichneten Spurplänen.

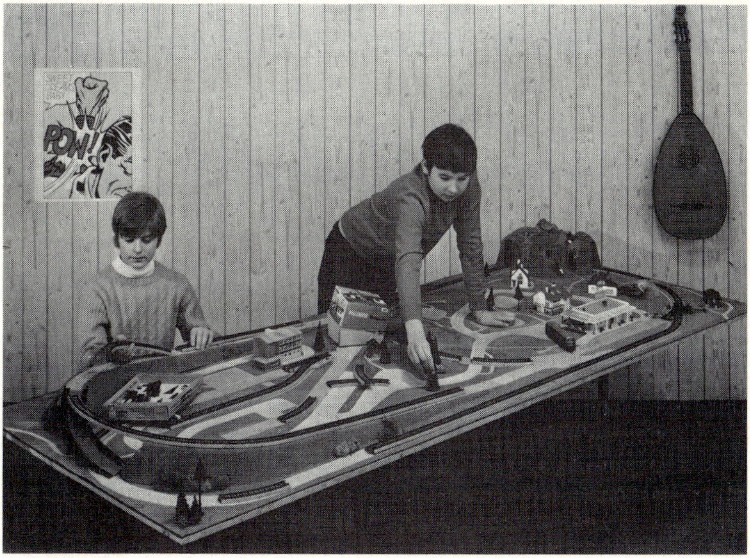

Im Handumdrehen ist die Anlage mit Hilfe der «Toporama»-Matte aufgebaut und der Fahrbetrieb kann beginnen. Wiking-Modellautos und Preiser-Figuren beleben das Anlagenbild.

Fertigstellung so aussehen, als sei – wie draußen beim Vorbild – zuerst die Landschaft dagewesen und dann erst die Bahnstrecke verlegt worden.

Das ist die erste Schwierigkeit, mit der man fertig werden muß. Eine zweite Schwierigkeit – ebenfalls «naturgegeben» – sind die Maßstabsverhältnisse. Eine Modelleisenbahn-Anlage unterliegt hier eigenen Gesetzen – warum? Ganz einfach: Die tatsächlichen Entfernungen und Höhen lassen sich nicht einfach in den gewünschten Modellmaßstab übertragen. Mit anderen Worten: Beträgt beispielsweise der Abstand zwischen zwei Bahnhöfen beim Vorbild 8,7 km, so müßten diese beiden Stationen auf einer H0-Anlage 100 m auseinanderliegen; solche Entfernungen sind aber selbst auf einer Großanlage undenkbar. Also muß der Anlagenbauer die Entfernungen schrumpfen lassen, und zwar ganz gewaltig.

Ähnliches gilt für die Umrechnung von Höhen: Ein Berg oder besser gesagt Hügel von nur 87 m Höhe würde auf einer H0-Modellbahn immerhin noch einen Meter die Anlagengrundplatte überragen. Das ist viel zu hoch, vor al-

lem, wenn man bedenkt, daß ein 1 m hoher Modellberg sicherlich auch in der Grundfläche schon ein bis zwei Quadratmeter Platz beanspruchen würde. Dagegen hilft nur «Mogeln», das heißt: Mit optischen und gestalterischen Tricks müssen wir versuchen, mit dieser zwangsläufigen Diskrepanz zwischen Vorbild und Natur auf der einen Seite und Modellwirklichkeit und Platzverhältnissen auf der anderen Seite fertig zu werden.
Das hört sich im ersten Augenblick vielleicht ein wenig resignierend an, aber es ist gar nicht so schwer, die Landschaftsgestaltung einer Modellbahn-Anlage überzeugend auszuführen. Selbst auf kleinen Anlagen von nur zwei Quadratmetern Fläche kann man eine realistisch wirkende Landschaft zaubern. Die Tricks und Tips zur Planung und Ausführung werden Sie in diesem Kapitel kennenlernen.
Fangen wir zunächst mit etwas ganz Einfachem an: mit dem Fertiggelände. Denn nicht jeder, der mit dem Aufbau einer Modellbahn-Anlage beginnt, hat gleich zu Anfang Lust oder Zeit, sich mit dem «richtigen» Landschaftsbau zu beschäftigen. Das ist auch nicht erforderlich, denn gerade für Anlagen kleinerer Abmessungen in den Baugrößen Z, N und H0 bieten einige Modellbahn- und Zubehörhersteller Fertigteile und komplette Fertiggelände für den Anlagenbau an.
Bei den Fertiggeländeteilen unterscheidet man zwischen sogenannten «Toporama»-Geländematten (Fabrikat Busch/Vollmer), den plastischen tiefgezogenen Kunststoff-Fertiggeländen (Fabrikat Noch und Kibri) sowie den vorbe-

Für «Toporama»-Gelände gibt es eine Reihe von Zubehörteilen, wie zum Beispiel Bahndamm-Auffahrten und Tunnelteile aus beflocktem tiefgezogenem Kunststoff.

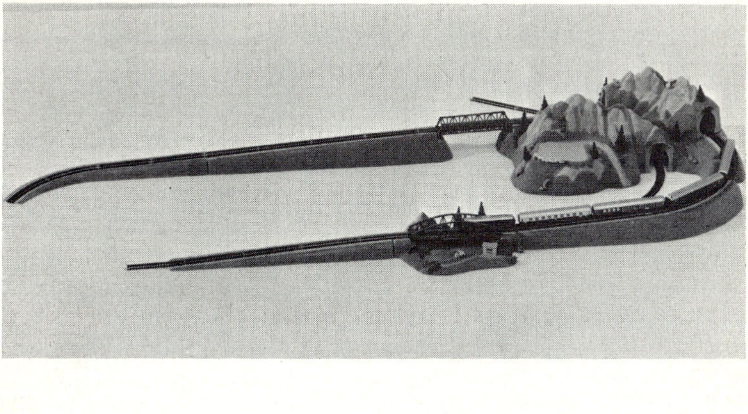

reiteten «Decor»- und «Geoform»-Geländebauteilen von Faller. Zu diesen Komplettangeboten gibt es außerdem noch eine Vielzahl von Ausstattungs-Zubehörteilen wie Auffahrten, Dämme usw.
Die schnellste und bequemste Möglichkeit, zu einer schon recht ansehnlichen Modell-Flachlandschaft zu kommen, ist die «Toporama»-Geländematte, die von der Modellbahn-Zubehörfirma Busch in Zusammenarbeit mit Modellgebäude-Hersteller Vollmer entwikkelt wurde; auch von fast allen Modellbahn-Herstellern wird diese Matte speziell für das jeweilige Modellbahn-System in den Katalogen angeboten.
Eine «Toporama»-Geländematte besteht aus einer flexiblen Kunststoffmatte, auf die ein vorgegebener Gleisplan aufgedruckt ist, der für verschiedene Gleisformen unterschiedlicher Modellbahnfabrikate entworfen ist. Das heißt also: Der Gleisplan ist durch die «Toporama»-Matte bereits vorgegeben. In schönem Mehrfarbendruck sind außerdem Straßen, Wege und der Schotter für die Gleisbettung mit plastischer Wirkung (durch Schattendruck) aufgedruckt. Für Bahnhofsgebäude, Güterschuppen und Wohnhäuser sind die entsprechenden Standflächen markiert. Und Grünflächen zwischen Gleisen und Gebäuden sind mit Kunststoff-Grasimitation beflockt; das erhöht die realistische Wirkung der Geländematte in besonderem Maß.
Diese «Toporama»-Matten, die es für verschiedene Anlagengrößen gibt (auch erweiterungsfähig), kann man mit Kleber direkt auf die Anlagengrundplatte aufkleben. Eine zusätzliche plastische Wirkung kann man bei verschiedenen Ausführungen dadurch erreichen, daß man Fertig-Auffahrten (Bahndämme) auf die vorgedruckte Gleisbettung klebt und so auch Steigungsstrecken auf dem Fertiggelände aufbauen kann.
Die Verwendung dieser Landschaftsmatten ist im wahrsten Sinn des Wortes kinderleicht; außer etwas Weißleim benötigt man kein zusätzliches Material und kein Werkzeug. Das Ergebnis ist eine optisch gelungene Landschaftsdarstellung mit geringen Mitteln und ohne nennenswerten Zeitaufwand – also genau richtig für den Beginner, der erst einmal möglichst schnell den Fahrbetrieb aufnehmen will, ohne auf ein gewisses Minimum bei der landschaftlichen Gestaltung zu verzichten. Denn daß eine Modellbahn, deren Gleise lediglich auf einer Holzplatte montiert sind – ohne jegliche Landschaft «drumherum» –, fad und langweilig wirkt, das dürfte sicherlich jedem klar sein.
Die zweite Möglichkeit der «Schnell-Landschaft» sind die aus dünnem Kunststoff tiefgezogenen Fertiggelände der Firmen Kibri und Noch; insbesondere die Firma Noch bietet eine beachtliche Auswahl an Fertiggeländen, angefangen von Kleinanlagen mit hügeli-

gem Charakter bis hin zu mittelgroßen Anlagen mit Hochgebirgscharakter. Diese Tiefzieh-Geländeplastiken besitzen «echtes» Gelände, das heißt: Auch Hügel, Tunnel und Bahndämme sind bereits vorgeformt. Bei diesen Ausführungen sind zwangsläufig die Streckenführungen der Bahngleise ebenfalls schon vorgegeben, so daß man der eigenen Gleisplanung enthoben ist. Das kann von Vorteil sein, wenn man selbst mit eigener Gleisplanung nicht viel im Sinn hat, ist aber unter Umständen auch mit Nachteilen behaftet, weil sich die von den Herstellern entworfenen Gleispläne nicht immer durch Originalität und Betriebspraxis auszeichnen.
Einen Schritt weiter geht die Firma Faller mit ihren «Decor»-Mat-

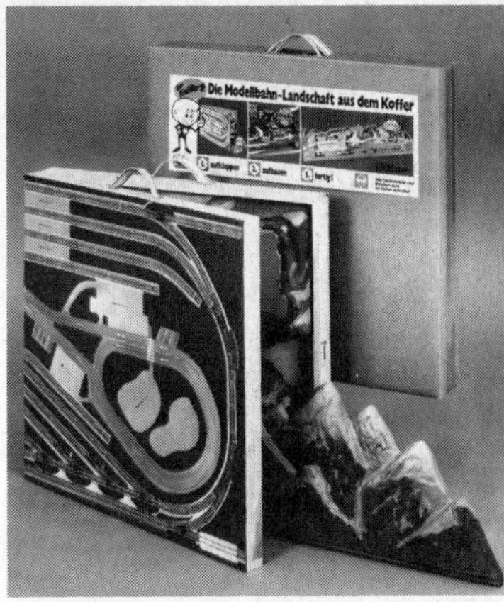

Eine praktische Lösung für transportable Anlagen: eine «Toporama»-Anlage (Fabrikat Busch) im flachen Holzkoffer. Auseinandergeklappt bietet sich eine ansprechende N-Anlage; als Zubehör gibt es Kunststoff-Felsen und eine Relief-Hintergrundkulisse.

Typisches Beispiel für eine «Toporama»-Fertig-Flachlandschaft ist dieses kleine Anlagenbeispiel.

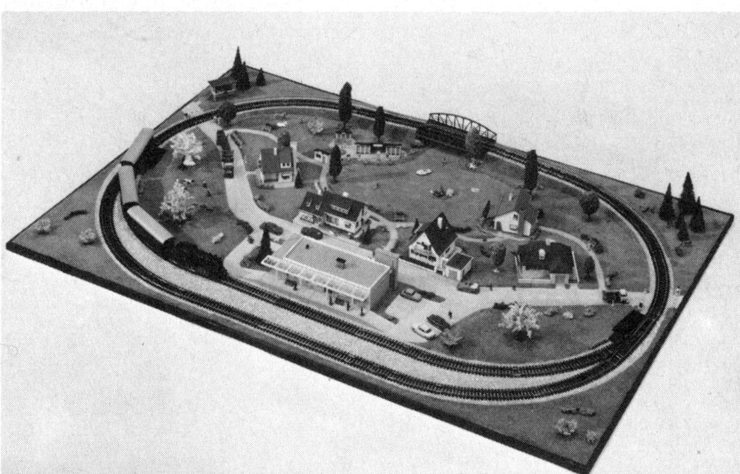

ten und «Geoform»-Bauteilen. Basierend auf den praktischen vorgefertigten Grundrahmen und Plattenbauteilen (vgl. Kapitel 4), bietet Faller in den dazu passenden Abmessungen sogenannte Decor-Folien an, die mit beigefügtem Haftkleber auf die Panzerkartonplatten aufgeklebt werden. Die in natürlich wirkendem Vierfarbdruck gefertigten flexiblen Folien sind mit Wiesen-Imitationen, Straßen, Zebrastreifen, einem kleinen Weiher, Feldwegen usw. bedruckt und können beliebig ausgeschnitten und aufgeklebt werden.

In einer speziellen Broschüre (vgl. Literaturverzeichnis am Schluß des Buches) sind eine Reihe von Möglichkeiten für den Aufbau von Kleinanlagen mit erläuternden Aufbaubeispielen dargestellt. Dieses «Decor»-Foliensystem beschränkt sich – wie die eingangs gezeigten «Toporama»-Matten – auf die Darstellung einer Flachlandschaft ohne Erhebungen. Die weitgehend naturgetreue Imitation von Hügeln ist dagegen mit der Faller-«Geoform»-Methode ohne Vorkenntnisse und ohne viel Zeitaufwand möglich.

Die «Geoform»-Folie von Faller ist ein farbig gekonnt gedrucktes und erstaunlich plastisch wirkendes Bergdesign mit Wiesenteilen, bewaldeten und steinigen Abschnitten. Diese Papierfolie präpariert man mittels beigegebenem Cellulose-Leim und drei Lagen untergeklebtem gewöhnlichem Zeitungspapier (keine Illustrierten!), wodurch eine dicke, aber leicht formbare Folie entsteht. Diese wird über einen Unterbau aus kleinen Kartons gelegt (z. B. von nicht mehr benötigtem Verpackungsmaterial), der in etwa der groben Grundform des gewünschten Geländeabschnitts entspricht. Es bleibt genügend Zeit, durch Nachformen des Unterbaus Korrekturen vorzunehmen, bis der Hügel der gewünschten Form entspricht.

Nach einigen Stunden – nach dem Abbinden des Leims – erhärtet die Folie so, daß auf ihr Bäume oder Modellgebäude aufgebaut werden können. Für die Häuser muß man natürlich vorher beim Formen der Folie auf die entsprechenden benötigten waagerechten Standflächen achten. Grünes und braunes Streumaterial – beides braucht man zu Anfang immer für die Landschaftsgestaltung – sowie kleine Steinchen und Spachtelmasse dienen ganz nach persönlichem Geschmack zur weiteren Dekoration der Faller-Bergfolie. Überstehende Folienteile werden abschließend mit einem Messer oder einer Schere weggeschnitten und der Übergang der Folie zur Unterlage angeheftet oder angeklebt.

So einfach ist also der Landschaftsbau mit Fertigteilen, Geländematten und anderen vorbereiteten Ausstattungsteilen. Das Ergebnis ist optisch durchaus gut und der Arbeitsaufwand hält sich

Die Firma Noch bietet eine umfassende Auswahl an Fertiggeländen aus tiefgezogenem Kunststoff; hier als Beispiel eine H0-Fertiganlage mit Gebirgscharakter; fast alle Fertiggelände sind durch Ansatzstücke erweiterungsfähig (Bild oben).

Die Faller-«Decor»-Wiesenfolie wird mit Haftkleber auf die Faller-Rahmenplatten geklebt (vgl. Kapitel 4).

Die Faller-«Geoform»-Folie (Bild rechts) wird mit drei Lagen saugfähigem Zeitungspapier beklebt, wodurch eine dicke, aber leicht formbare Landschaftsfolie entsteht.

in ganz kleinen Grenzen. Aber auch die eigenen Gestaltungsideen und der eigentliche «Basteldrang» werden bei Verwenden von Fertigteilen in Grenzen gehalten. Das ist verständlich, denn beim Verwenden «vorprogrammierter Landschaft» liegt der Schwerpunkt auf der Schnelligkeit und Mühelosigkeit, mit der man eine Modellbahn-Anlage landschaftlich gestalten kann.

Will man nun nach völlig eigenen Ideen arbeiten und manches besser oder auch nur anders machen, dann wird man zum richtigen «Landschaftsgestalter» – ja, noch mehr: Man ist als Anlagenbauer, Planer, Landschaftsgärtner, Architekt, Brückenbauer, Tunnelexperte und noch vieles andere mehr in einer Person. Denn die Gestaltung der Modell-Landschaft ist – wie schon eingangs bemerkt – eine der reizvollsten Beschäftigungen für den Modellbahn-Bastler.

Wenn wir alles selbst machen wollen, brauchen wir natürlich auch an Werkzeugen und Material einiges mehr, doch das meiste – vor allem Werkzeuge und Hilfsmittel für die Werkstoffbearbeitung – haben wir sicher schon im Haus. Alle nachstehend aufgeführten Werkzeuge bekommt man in jedem Heimwerker- oder Bastelgeschäft bzw. in den Hobby-Abteilungen großer Kaufhäuser. Auch die von Trix angebotene Landschafts- und Anlagenbaupackung

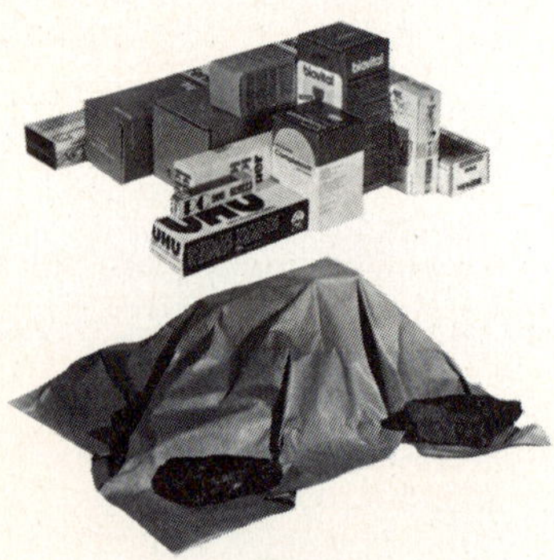

Zunächst wird ein «Hügel-Fundament» aus kleineren Kartons in der Grundform des geplanten Hügels aufgestellt; darüber wird die noch leimfeuchte Faller-«Geoform»Folie gelegt, entsprechend nachgeformt und an den Rändern durch Gewichte (z. B. Steine oder Bügeleisen) beschwert.

Im unteren Bildbeispiel wurde die Faller-«Geoform»-Folie in der Kreisfläche eines Gleisbogens aufgebaut und ihre Form durch Beschweren mit Gleisstücken und Steinen bis zum Aushärten der noch leimfeuchten Folie zwangsläufig festgelegt. Nach Aushärten werden die Ränder der Folie beschnitten.

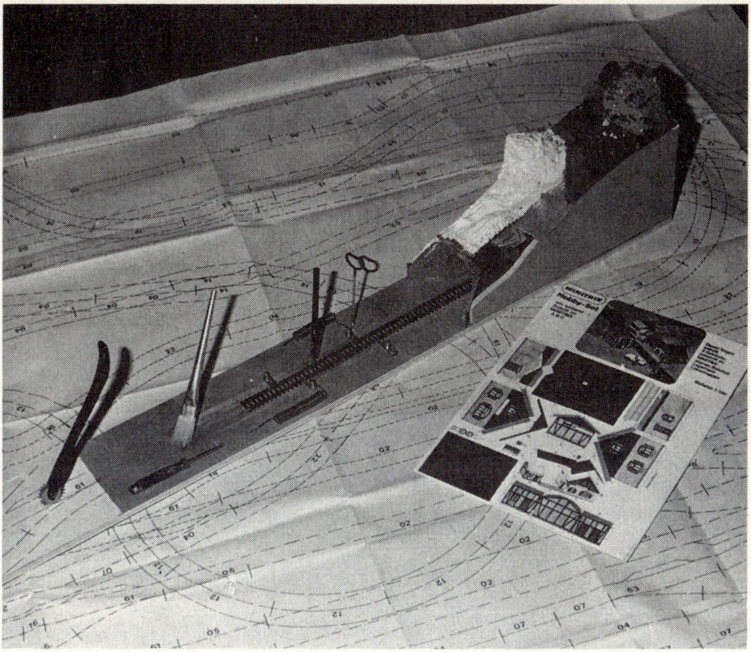

Das Trix-«Hobby Set» bietet alle erforderlichen Materialien, Gleisplan-Schnittmusterbogen für verschiedene N-Anlagen, die nötigsten Kleinwerkzeuge, Gebäude-Ausschneidebogen und eine genaue Arbeitsanweisung für den Aufbau einer Minitrix-N-Anlage.

«Hobby set», auf die an anderer Stelle noch eingegangen wird, enthält bereits die wichtigsten Werkzeuge und Materialien für den Landschaftsbau.

Zu den für den Landschaftsbau erforderlichen Grundwerkzeugen gehören im einzelnen:

– eine Laubsäge – Der Laubsägebogen ist wohl eines der bekanntesten und ältesten Bastlerwerkzeuge für die Bearbeitung von dünnem Holz, kleinen Leistchen, Kunststoffen und auch Metall. In den handlichen, etwa 30 cm langen Bügel werden je nach zu sägendem Werkstoff Holz-, Kunststoff- oder Metall-Laubsägeblättchen (mit Zahnrichtung nach unten) eingespannt.

– eine Feinsäge – Die Fein- oder Leistensäge hat ein breiteres Sägeblatt, das direkt in den Griff eingespannt ist (zum Teil auch auswechselbar). Man braucht diese Säge, die etwas handlicher ist als der bekannte «Fuchsschwanz», für das Ablängen von stärkeren Leisten und schmalen Spanplatten- oder Holzstreifen.

– zwei oder drei Feilen – Feilen für die Holzbearbeitung kann man gut gebrauchen, wenn ein Sägeschnitt nicht genau gerade ausgefallen ist, eine Kante oder Ecke abgefeilt werden muß – kurz, immer dann, wenn das wegzunehmende Material zuviel ist, um es noch mit Schmirgelpapier glätten zu können.

– eine Handbohrmaschine – Mit den zugehörigen Spiralbohrern von 1 bis 6 mm ∅ gehört sie ebenfalls zu den unentbehrlichen Bastelwerkzeugen, die man für den fachgerechten Landschaftsbau benötigt.

– weitere Kleinwerkzeuge – Eigentlich für jeden Bastler ein «Muß» und deshalb auch in fast jeder Werkzeugkiste zu finden: ein leichter Hammer (100 Gramm), ein Holzbohrer (zum Vorbohren für Holzschrauben), verschiedene Schraubendreher, ein Rollbandmaß oder Zollstock, eine Flach- oder Spitzzange und vielleicht noch ein guter Seitenschneider, den man zum leichteren Ablängen von Drähten und Litzen gut verwenden kann, denn nicht immer hält Mutters Haushaltsschere den dünnen Kupferdrähten stand.

Mehr an Werkzeugen braucht man für den Anfang eigentlich nicht, denn schließlich kosten gute Werkzeuge auch gutes Geld.

Außer Werkzeugen braucht man natürlich auch noch das eigentliche Grundmaterial für den Landschaftsbau. Außer Holzresten, Leistenabfällen, Fliegengitter (feinmaschige Gaze) und saugfähigem Papier (Kreppapier, Toilettenpapier oder Zeitungen) gehört vor allem eine nicht zu schnell abbindende Spachtelmasse dazu. Es gibt für den Modell-Landschaftsbau fertig zusammengestellte Spezialspachtelmassen, die nur mit Wasser angerührt werden müssen. Preiswerter – besonders beim Verbrauch größerer Mengen – ist aber eine der üblichen Spachtelmassen wie z. B. Moltofill, du-fix und ähnliche auf Cellulosebasis hergestellte Füllspachtel. Setzt man zu diesem Brei noch etwas Weißleim hinzu (z. B. Ponal oder Uhu-coll), so bleibt die Spachtelmasse nach dem Aushärten noch elastischer.

An Leim oder Kleber – zum Teil wurden sie schon erwähnt – sollte man sich möglichst die preiswerteren größeren Packungen zulegen, da bei der Landschaftsgestaltung viel Weißleim und auch viel Alleskleber benötigt werden. Alle bekannten Klebstoffmarken bieten eine große Auswahl gleich guter Kleber an.

Und schließlich benötigen wir als «Landschaftsgärtner» auch noch viel Farbe. Wir können beispielsweise die matten Plakafarben von Pelikan verwenden, matte Lacke aus Sprühdosen oder Fassaden-Abtönfarben aus dem Farbengeschäft. Die wichtigsten Farben für den Landschaftsbau sind in erster Linie: Beige, Braun, Grau und

Mittelgrün.
Und dazu gleich ein Tip vorweg: Wenn man einen Spachtelbrei anrührt, sollte man gleich eine Grundfarbe mit einmischen, damit später bei eventuellen Beschädigungen oder Rissen im Spachtel nicht dessen ursprüngliche auffällig weiße Grundfarbe durchscheint, sondern ein neutraler Braun- oder Grünton. Modellbahn-Spezialisten kennen diesen Trick seit Jahren.

Bevor wir uns nun mit allen diesen Dingen, die zum Landschaftsbau notwendig sind, ausführlicher beschäftigen, schnell noch ein Hinweis auf eine praktische Bastelpackung von Trix: das «Hobby set». In dieser Packung findet der Modellbahner zwar keine Fertiganlage oder Landschaftsmatte, aber alles Zubehör, um eine schöne Kleinanlage in Baugröße N ansprechend zu gestalten – selbst die unbedingt erforderlichen Kleinwerkzeuge fehlen nicht in dieser Packung. Dieses «Hobby set» ist speziell auf das Minitrix-N-System zugeschnitten: Dazu gehören ein Gleisschnittmusterbogen für 12 verschiedene Anlagen in Original-Abbildungsgröße zum Durchrädeln auf die Grundplatte und die entsprechenden Gleis-Stücklisten für die einzelnen Anlagen.

Der weitere Packungsinhalt (auch für N-Anlagen anderer Fabrikate geeignet): ein ausführlicher Arbeitsbogen mit genauen Anleitungen für insgesamt 64 Arbeitsgänge, ein farbig bedruckter Ausschneidebogen für einen kleinen Bahnhof, ein Lagerhaus und einen Lokschuppen, Weißleim, Spachtelmasse, Streufaser, Islandmoos, Pinsel, Schraubendreher, Pinzette, sieben Dosen mit Trockenfarben, Schrauben, Litzen, Alleskleber, Kreppapier für die Landschaftsgestaltung und anderes nützliches Zubehör – praktisch alles, was der Anfänger braucht und sich sonst einzeln kaufen muß. Aber, wie schon eingangs gesagt, es gibt diese Bastelpackung von Trix nur für N-Anlagen, und die beigegebenen Gleisplanmuster beziehen sich auf das Minitrix-N-Gleissortiment.

Nach diesem Hinweis auf das Trix-«Hobby set», mit dem man schon wie ein richtiger Anlagenbauexperte arbeiten kann, nun zum individuellen Landschaftsbau, der im Prinzip genauso einfach ist, nur viel mehr Möglichkeiten für die Verwirklichung eigener Ideen bietet.

Nun stehen wir also vor der völlig flachen Anlagenplatte, der Gleisplan ist aufgezeichnet – nur die Landschaftsplanung, an die haben wir noch nicht gedacht! Also beginnen wir zunächst mit dem Planen, mit der Umsetzung unserer Ideen in ein brauchbares Modellkonzept.

Zunächst stellen wir uns anhand der bereits erfolgten Gleisplanung die Frage: Welches Thema, das heißt, welches Motiv hat die Anlage? Denn daraus ergibt sich fast zwangsläufig die Antwort für eine passende Modell-Landschaft. Deutlicher gesagt heißt das: Wenn wir einen Gleisplan entworfen haben, der eine einfache Ringstrekke beinhaltet, so sollten wir die – im übrigen fast immer zweckmäßige – Hügellandschaft planen, damit wenigstens ein Gleishalbkreis durch einen Dammeinschnitt oder durch einen Tunnel den Blicken entzogen werden kann. Dies sollte man bei einem Gleisoval immer anstreben, damit die betriebliche Sinnlosigkeit des Im-Kreis-Herumfahrens auf kleiner Fläche nicht auf den ersten Blick sichtbar wird.

Wenn wir mehr Wert auf eine bayerische Voralpenlandschaft legen und uns auch entsprechende Gebäude kaufen wollen, läßt sich ohne weiteres auch der Charakter einer Gebirgslandschaft mit mehreren Tunnelstrecken und imposanten Brückenbauwerken im Modell nachbilden. Nun sollte man aber auf keinen Fall die Berge «aus den Wiesen herauswachsen lassen» – die ganze Anlage muß vielmehr ausnahmslos Gebirgscharakter tragen und in ihrer Gesamtheit wie ein herausgeschnittenes Stück aus einer großen gebirgigen Gesamtlandschaft wirken.

Vielleicht wollen Sie auch «gar keine» Landschaft und statt dessen die Modellbahn-Anlage ganz mit Gebäudemodellen «bepflanzen». Auch das ist eine Idee, die dennoch nicht minder planvolle Überlegungen erfordert, denn hinter den Häusern gibt es Gärten mit Bäumen und Büschen, davor vielleicht Vorgärten und nicht zuletzt genügend breite Straßen mit Parkplätzen; diese Straßen kommen von «irgendwoher» und führen am anderen Ende der Anlagenfläche wieder «irgendwohin». Sie können bei diesem Planspiel Ihre Fähigkeiten als Stadtplaner unter Beweis stellen und Ihre Modellstadt oder Ihr Modelldorf so entwerfen und aufbauen, wie Sie es sich im Großen vorstellen – sicherlich eine reizvolle Aufgabe, die viel an Phantasie und Vorstellungsvermögen für die Wirklichkeit erfordert. Ausstattungszubehör gibt es mehr als genug: Brükken, Gebäude, Tunneleinfahrten (Portale), Straßenaufklebefolien, Modellautos, Bäume, Büsche und Hecken, Grasmatten, Streumaterial, Bänke, Figuren und vieles andere mehr.

Als Beispiel für die Planung und den praktischen Bau der Landschaft wählen wir stellvertretend für alle anderen Anlagen eine mittlere Anlagengröße; die Landschaft soll einen leicht hügeligen Charakter haben und die Bahnstrecke soll auch eine Steigung besitzen, auf der schwere Loks ihre

«Bei kleinen Gleisovalstrecken sollte ein Gleishalbkreis durch einen Hügel mit Tunnel verdeckt werden. Das sieht vorbildgetreuer aus.»

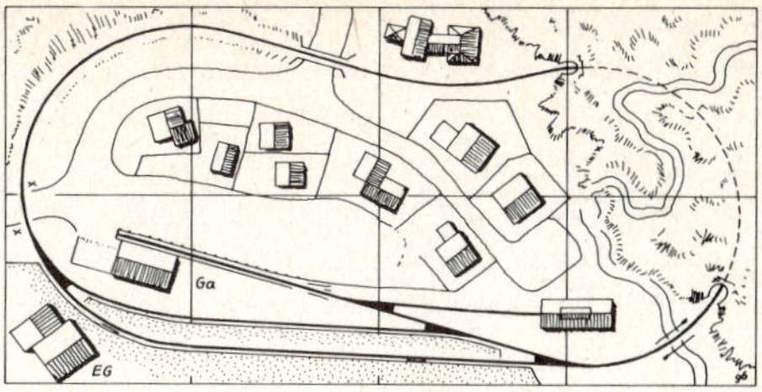

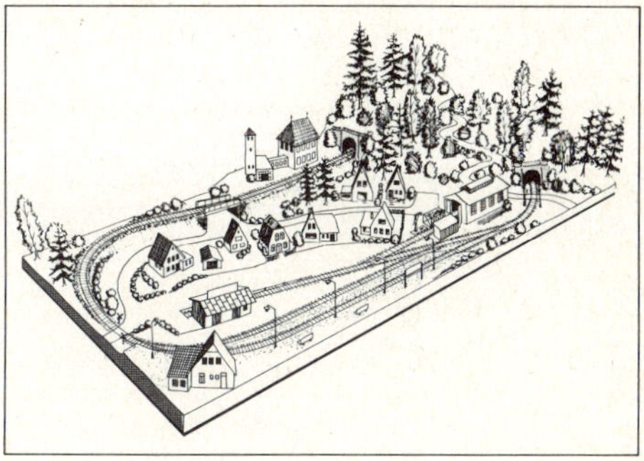

Gleisplan für eine Muster-Kleinanlage, die alle wesentlichen Arbeitsgänge für den Aufbau einer Landschaft in beispielhafter Form beinhaltet. Der Netzlinienabstand entspricht für H0-Anlagen 50 cm (Anlagengröße 2 × 1 m), für N-Anlagen 30 cm (Anlagengröße 1,2 × 0,6 m) und für Z-Anlagen 23 cm (Anlagengröße 0,92 × 0,46 m). Im unteren Schaubild ist ein Vorschlag für die landschaftliche Gestaltung gezeigt, wie er im Text beschrieben wird.

Zugkraft beweisen können.

Anhand eines Muster-Gleisplans für eine nur 2 × 1 m große H0-Anlage (in Baugröße N sind das Abmessungen von 120 × 60 cm) gehen wir jetzt die einzelnen Überlegungen und Baustadien durch, die sinngemäß für alle Anlagen und jede Form von Landschaftsgestaltung für Modellbahn-Anlagen gelten.

Sehen wir uns zunächst einmal den Gleisplan der Musteranlage an. Es handelt sich um ein einfaches Gleisoval mit einem zweigleisigen kleinen Bahnhof mit Empfangsgebäude (EG), einem Abstellgleis vor dem Güterschuppen (Ga) und einem kurzen Gleis zum Lokschuppen, der «Garage» für eine Lokomotive. Eine Anlage, deren Gleise sich schnell auf der Grundplatte aufbauen lassen; aber der Betrieb wäre langweilig, gäbe es nicht «ein bißchen Landschaft» auf der Platte.

Gleisplan und Schaubild zeigen eine Idee, wie man aus dem einfachen und eigentlich sinnlosen Kreisverkehr durch Landschaftsbau eine ansprechende Anlage gestalten kann.

Zunächst wird im rechten Anlagenteil ein zu den Außenkanten der Anlage hin ansteigender Hügel eingeplant. – Warum? Damit der rechte Gleisradius durch eine Tunnelstrecke den Blicken entzogen werden kann. Das sieht nicht nur reizvoller aus, sondern gibt

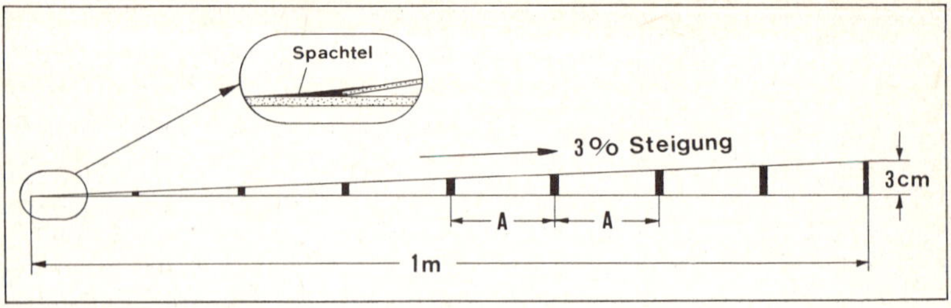

Eine Steigungsstrecke sollte im Gleisbogen nicht mehr als 3 % Steigung haben, d. h. auf 1 m Gleislänge sollte der Höhenunterschied höchstens 3 cm betragen; sonst kann die Zugkraft der Loks beeinträchtigt werden. Wichtig ist ein gleichmäßiges Verteilen des Höhenunterschieds auf alle Stützen (Abstand «A»), damit keine Knicke in der Gleishöhenführung auftreten. Der Beginn der Steigungsstrecke wird zu einem sanften Übergang zwischen Grundplatte und Steigungsstrecke verspachtelt.

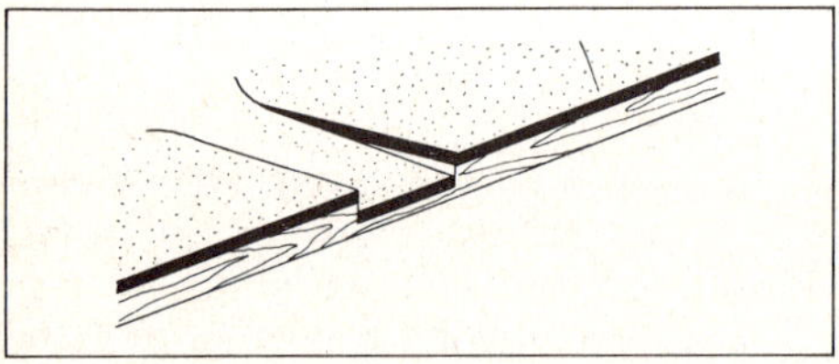

So wird die Anlagengrundplatte in Höhe der Straßenunterführung durch Einschnitte in der Platte und Ausnehmen der Rahmenleiste etwas abgesenkt, damit die Bahndamm-Steigung möglichst flach gehalten werden kann.

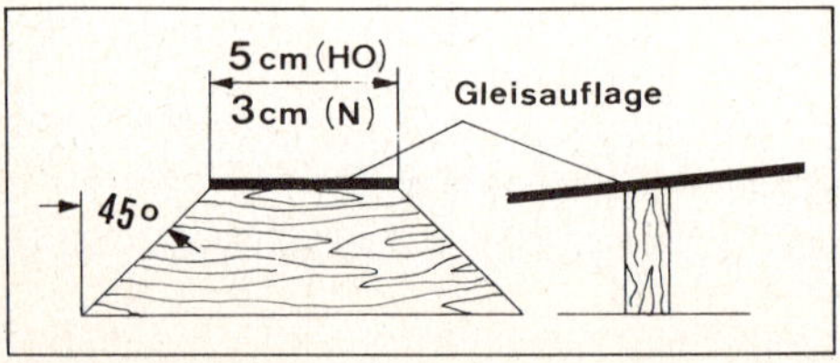

Ein Bahndamm-Stützbrett; die Auflagebretter sollten aus mindestens 3 mm-Sperrholz ausgesägt werden. Später wird der Bahndamm entsprechend der im Text beschriebenen Methode verkleidet.

der durch die kleine Fläche zwangsläufig einfachen Gleisanlagen auch mehr Glaubwürdigkeit: Man sieht nicht mehr auf den ersten Blick, daß ein Zug eigentlich nur im Kreis herumfährt. Der Zug verschwindet am einen Ende im Tunnel und taucht kurz vor dem Bahnhof wieder aus der Tunnelröhre auf. Dazwischen kann man sich eine lange Fahrstrecke nach «irgendwohin» denken, so daß der Zugverkehr auch auf dieser kleinen Anlage eine glaubwürdige Begründung erhält. Der Bahnhof erscheint jetzt als kleine Zwischenstation auf einer kilometerlangen Bahnlinie.

Die nächste Frage, die in der Gestaltung der Anlage eine glaubwürdige Antwort finden muß: Warum gibt es hier überhaupt einen Bahnhof? – Die Antwort: Weil in der Nähe des Bahnhofs eine Ortschaft oder eine kleine Stadt liegt. Diesen Ort kann man – wiederum aus Platzgründen – nicht komplett im Modellmaßstab darstellen, das würde mehrere Quadratmeter Fläche beanspruchen. Also werden in der Nähe des Bahnhofsgebäudes, das in der linken Anlagenecke liegt, einige Häuser, einzelstehende Bungalows oder Siedlungshäuser aufgestellt, die auf eine Ortschaft hinweisen. Dazu gehört eine Zufahrtsstraße zum Bahnhof.

Diese Straße führt vom linken Anlagenteil über einen durch Warnkreuz gesicherten Bahnübergang zum Bahnhofsgelände. Eine zweite Straße kommt vom oberen Anlagenrand und führt ebenfalls zum Bahnhof. Damit hier der Übergang Gleis–Straße etwas anders aussieht, wird eine Straßenunterführung vorgesehen. Die Bahnstrecke muß dazu etwas angehoben und auf einem Bahndamm geführt werden, die Straße dagegen wird in Höhe der Gleisüberführung etwas abgesenkt, damit für Straßenfahrzeuge eine ausreichende Durchfahrthöhe vorhanden ist und außerdem die Steigung der Gleisstrecke nicht zu steil wird. Am vorderen rechten Anlagenrand gibt es noch eine dritte, etwas schmalere Straße, die vom Hügel herunterführt und an einem beschrankten Bahnübergang die Gleise überquert. Die Schranken werden an dieser Stelle deshalb vorgesehen, weil kurz hinter dem Bahnübergang der Tunnel beginnt und Mini-Autofahrer nicht rechtzeitig einen Zug wahrnehmen können. Die Sicherheitsvorkehrungen auf der Anlage entsprechen also auch dem Vorbild.

Sie werden inzwischen gemerkt haben, daß es diese kleine Anlage in sich hat: Es gibt einen bewaldeten Hügel mit Tunnelstrecke, einen Bahndamm, einen beschrankten und einen unbeschrankten Straßenübergang und eine Straßenunterführung – also alle wichtigen Elemente, die beim Modellbahn-Landschaftsbau vorkommen können. Mit den folgenden Ausführungshinweisen sind Sie dann in der Lage, jede gewünschte Anlagenlandschaft selbst zu entwerfen und zu bauen.

Beginnen wir mit der Grundplatte. Zunächst wird das Gitterliniennetz mit Hilfe von Lineal und weichem Bleistift aufgezeichnet (Abstand bei H0 = 50 cm, bei N = 30 cm und in Baugröße Z = 23 cm); jetzt können Sie die Abmessungen zwischen verkleinerter Gleisplanzeichnung und Anlagengrundplatte besser vergleichen und vom Papier auf die Platte übertragen. Bevor die Grundplatte auf dem Leistenrahmen befestigt wird (vgl. Kapitel 4), müssen in Höhe der Straße im zweiten Planquadrat von oben links zwei etwa 20 cm

Aufbaubeispiel für eine gegenüber der Anlagengrundplatte leicht angehobene Straße.

lange Einschnitte (bei N-Anlagen entsprechend nur 10 bis 15 cm) eingesägt werden, um die Straße leicht absenken zu können. An dieser Stelle werden von der Grundrahmenleiste ebenfalls etwa 1,5 cm in der Höhe ausgeklinkt (aussägen). Jetzt kann die Grundplatte auf dem Rahmen befestigt werden; die Straßenebene liegt an der Anlagenaußenkante etwa 1,5 cm tiefer. Damit ist der erste Abschnitt der Landschafts-Bauarbeiten fachmännisch abgeschlossen.
Jetzt wird die Gleisanlage provisorisch aufgelegt und die Außenkanten der Gleise werden mit einem weichen Bleistift oder Kugelschreiber auf der Grundplatte markiert, ebenso die ungefähren äußeren Umrisse des Hügels, der Verlauf der Straßen und die Standplätze der Gebäude.
Direkt hinter der linken Bahnhofsweiche soll die Steigung des Bahndammes beginnen, der dann die Straße am hinteren Anlagenrand mit einer Brücke überquert und auf der rechten Anlagenhälfte bis zum beschrankten Bahnübergang wieder auf die Höhe «Null» heruntergeführt wird. Voraussetzungen für eine einwandfrei verlegte Steigungsstrecke sind ein ganz flacher Übergang von der Grundplatte zum Bahndamm – ohne spätere Knickstellen im Gleis – und eine gleichmäßige

Hier wird der Aufbau einer leichten Steigungsstrecke gezeigt, die zu einer großen Bogenbrücke führt (am Beispiel eine Arnold-N-Musteranlage auf dem nächsten Bild).

Steigung bzw. Neigung. Der Bahndamm muß etwa alle 20 cm gut abgestützt werden, damit sich die Gleise nicht durchbiegen können.

Beginnen wir mit den Stützen des Bahndamms, deren Abmessungen dem Bahndamm-Querschnitt entsprechen sollen, damit die «Verkleidung» später nicht mehr soviel Arbeit macht. Die Länge der Steigungsstrecke – vom Straßenübergang hinter der Bahnhofsweiche bis zum Pfeiler der Straßenunterführung – wird jeweils auf der Grundplatte durch quer zur Gleisrichtung verlaufende Striche in genau gleiche (!) ungefähr 20 cm lange Abschnitte unterteilt, auf die dann die Stützbretter aus 10 mm starken Brettchen oder Leisten mit trapezförmigem Querschnitt aufgeklebt werden. Der zu überwindende Höhenunterschied – in unserem Beispiel 4 cm (H0) bzw. 2 cm (N) – muß genau gleich (!) auf die Höhe der einzelnen Stütz-

«Steigungsstrecken auf Modellbahn-Anlagen sollten nicht mehr als 3 bis 4 Prozent Steigung haben, d. h., auf einem Meter Gleislänge soll die Höhendifferenz nicht mehr als 3 cm (im Gleisbogen) bzw. 4 cm (auf geraden Strecken) betragen.»

brettchen aufgeteilt werden, damit die Steigung gleichmäßig verläuft und keine Knicke oder Bukkel entstehen – eigentlich logisch und auch einfach in der praktischen Ausführung.

Für die Straßenbrücke sucht man sich eine passende Bausatzbrücke aus dem großen Angebot der Modellbahn-Zubehörhersteller aus. Die Auswahl ist groß; wir sollten uns aber für eine kurze Brücke in diesem Fall entscheiden, die nicht wesentlich länger ist als die Straßenbreite, die überquert werden soll. Tips zum Zusammenkleben des aus Kunststoff bestehenden Brückenbausatzes finden sich im nächsten Kapitel.

Diese Brückenkonstruktion mit ihren beiden Pfeilern wird jetzt über der abgesenkten Straße auf die Grundplatte aufgeklebt, und zwar so, daß ihre Lage genau mit der aufgezeichneten Gleistrasse übereinstimmt. Jetzt können die Gleis-Auflagebrettchen aus 3 mm starkem Sperrholz, die entsprechend dem Gleisradius vorher mit der Laubsäge ausgesägt werden, auf die Bahndamm-Stützbretter aufgeklebt werden, und zwar so, daß sie bündig mit der Gleisauflagefläche der Brücke abschließen. Die Auflagepunkte auf der Anlagengrundplatte werden durch Spachtel (z. B. Moltofill) angeglichen, so daß ein sanfter Übergang in die Gerade ohne Knickstellen erfolgt. Das ist wichtig, damit später an dieser Stelle keine Fahrzeuge entgleisen oder zum unerwünschten Entkuppeln neigen.

Wenn der Bahndamm-Rohbau erfolgreich abgeschlossen ist, kann die Gleisanlage endgültig verlegt werden (vgl. Kapitel 4). An dieser Stelle ein Tip für diejenigen, die es besonders gut machen wollen: Jedes Bahngleis liegt bekanntlich auf einem sogenannten Schotterbett. Bei einigen Modellgleis-Systemen ist dieser Bettungskörper (so nennt man das Schotterbett unter den Schwellen) bereits durch Blech oder Kunststoff angedeutet. Die meisten Gleisfabrikate (z. B. Arnold-N, Märklin-K, Trix, Roco usw.) bieten ihre Gleise jedoch als Schwellenband ohne Schotterbett-Imitation an.

Eine ganz einfache Möglichkeit zur Imitation des Schotters ist folgende: Als Zubehör gibt es zum Beispiel von der Firma Arnold (inzwischen auch schon von anderen Herstellern) ein sogenanntes Schotter-Set, bestehend aus einer Rolle beidseitig klebendem Klebeband und einer Packung feinkörnigem braunem Schotter. Das Klebeband wird nach Abziehen der Schutzfolie auf einer Seite auf der Grundplatte entsprechend dem vorgezeichneten Gleisverlauf aufgeklebt; dann wird die obere Schutzfolie abgezogen und die Gleise werden aufgedrückt. Der Schotter wird vorsichtig aufgestreut und haftet auf den freien Stellen des Klebebandes zwischen den Schwellen. Nach Andrücken des Schotters wird überschüssiges Material mit einem Staubsauger

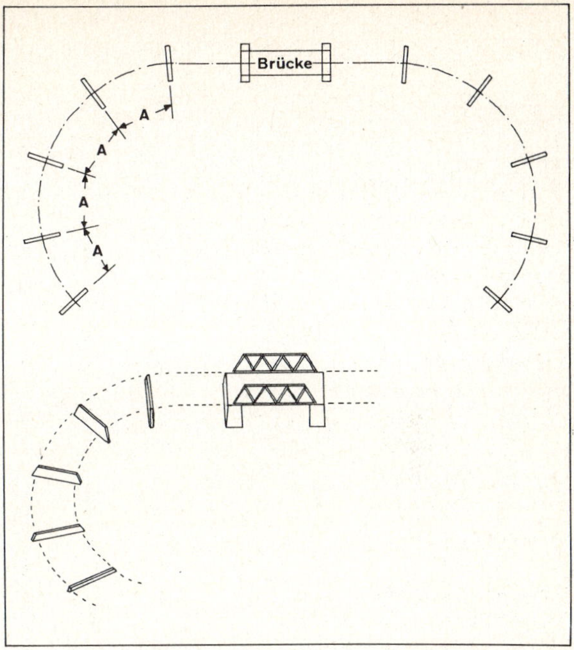

Wichtig für den betriebssicheren Aufbau einer Steigungsstrecke ist die absolut gleichmäßige Steigung der Strecke. Man erreicht sie am einfachsten, wenn die Stützbretter in genau gleichen Abständen A auf der Grundplatte aufgeklebt werden und die Zunahme der jeweiligen Höhe ebenfalls genau gleich ist. Die beiden Skizzen auf dieser Seite zeigen, wie es gemacht wird.

Brückenpfeiler, Durchlässe und andere Bauteile gibt es von allen Zubehör-Herstellern aus fein graviertem Plastik

Brücken beleben nicht nur eine Modellbahn-Anlage, sie ermöglichen auch längere und bessere Streckenführungen durch kreuzungsfreie Gleisübergänge auf zwei Ebenen, wie das Bild einer Märklin-H0-Anlage auf der rechten Seite zeigt.

wieder abgesaugt. Wichtig ist, daß besonders im Bereich von Weichen und Kreuzungen kein loser Schotter zwischen beweglichen Schienenteilen eingeklemmt wird – hier also besonders sorgfältig reinigen.

Das Klebeband ist in seiner Breite so bemessen, daß es für N-Gleise genau richtig ist; für die Beschotterung von H0-Schwellenbandgleisen werden zwei Klebestreifen parallel nebeneinander geklebt.

Bevor jetzt weitergearbeitet wird, lassen wir einen Zug zur Probefahrt über die Anlage laufen, überprüfen die einwandfreie Funktion aller Weichen und Gleise, damit von der technischen Seite her keine Pannen mehr auftreten können. Denn nach abgeschlossener Landschaftsgestaltung macht die Beseitigung technischer Mängel in der Regel mehr Arbeit, und das muß nicht sein.

Jetzt wenden wir uns der rechten Anlagenhälfte zu, die von einem Hügel bedeckt werden soll. Als Fixpunkte für die Gestaltung des Hügels gelten die beiden Tunneleinfahrten; sie müssen also zuerst aufgebaut werden. Passende Modell-Tunnelportale gibt es in genügender Auswahl; das Zusammenkleben und Anfügen der etwas schräg nach oben zu versetzenden Stützmauer ist nicht schwierig. Auch hier zeigen die Skizzen wiederum deutlich, wie so etwas grundsätzlich ausgeführt wird. Inzwischen haben Sie ja fast schon so etwas wie Routine im Umgang mit Holz, Säge und Leim.

Wenn die Lage der Tunnelportale fixiert ist, sollten Sie erst einmal noch eine Probefahrt mit einem Zug starten, und zwar mit den längsten Reisezugwagen, die Sie

Einige Zubehörhersteller bieten auch Bahndammbausätze in Form aufgeständerter Fahrbahnteile an.

Einen solchen «Ecktunnel» sollte man auf einer Modellbahn-Anlage nach Möglichkeit vermeiden, denn ein derartiger aus dem Boden «wachsender Berg» wirkt wenig naturgetreu.

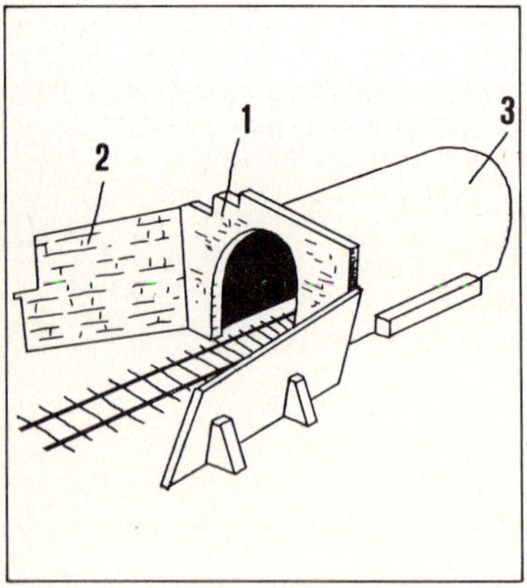

So soll eine vorbildlich aufgebaute Tunneleinfahrt aussehen. Sie besteht aus den Baugruppen: Tunnelportal (1), seitliche Stützmauern (2) und einer etwa 10 bis 20 cm langen Tunnelröhre aus Mauerpappe (3).

«Bei verdeckten Gleisstrecken im Tunnel sind an der Anlagenaußenseite etwa 10 × 20 cm große Öffnungen in den Gelände-Stützteilen vorzusehen, um bei Betriebsstörungen an die Gleise heranzukommen.»

Ein vorbildlich in eine Hügellandschaft eingebautes Tunnelportal mit kurzen seitlichen Stützmauern. Tunnelportale kann man aus Sperrholz mit aufgeklebter Mauerfolie nach eigenem Entwurf selbst bauen (wie in diesem Beispiel) oder als fertige Kunststoffportale von allen Zubehörherstellern beziehen.

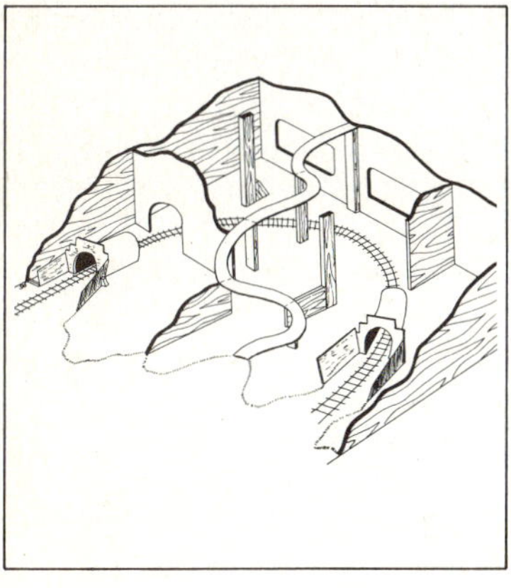

Der Holzgerippeaufbau als tragendes Fundament für den untertunnelten Hügel in der rechten Anlagenecke. Profilbretter an den Außenkanten (eins davon mit Öffnungen zum Hineinlangen bei Betriebspannen) legen die ungefähre Form des Hügels an seinen Außenkanten fest.

einsetzen wollen, damit Sie ganz sicher gehen, ob auch der längste Wagen «gut um die Ecken kommt». Notfalls sind die Tunnelportale etwas zu versetzen.

Für die nächste Arbeit braucht man etwas räumliches Vorstellungsvermögen, außerdem Fliegengaze, Kreppapier, Spachtelmasse und Weißleim – jetzt sollen nämlich die Formen des Hügels über der Tunnelstrecke entworfen und gebaut werden. Keine Angst – mit etwas Probieren geht auch diese Arbeit leicht von der Hand.

Der höchste Punkt des Hügels soll an der oberen rechten Anlagenekke liegen; von dort aus fällt das Gelände nach beiden Seiten zur Anlagenmitte hin sanft ab. Dabei ist die lichte Höhe über der später verdeckten Gleisstrecke zu berücksichtigen, damit der Zug ohne oben anzustoßen den Bergtunnel durchfahren kann. Ebenso wie für den bereits gebauten Bahndamm brauchen wir auch für den Hügel einen ordentlichen Unterbau, auf dem dann eine «Geländehaut» aufgebracht wird. Für diese Stützen kann man Leisten oder auch leicht wellig ausgesägte Sperrholzbzw. Spanplattenstreifen verwenden.

Der grobe Umriß der Landschaft wird durch die drei an den Anlagenkanten aufgeklebten äußeren Holzstreifen festgelegt; in der Fläche dazwischen können verschieden hohe Leisten oder Brettchen als Geländeauflage aufgeklebt werden. Auch für die vorgesehene schmale Straße vom Berg herunter zum beschrankten Bahnübergang kleben wir einige nach vorn zu immer kürzer werdende Leisten als Stützen auf die Anlagengrundplatte.

Nun kann die eigentliche gestalterische Arbeit beginnen, nachdem die stabilen Stützen für die Landschaftshaut auf der Grundplatte feststehen. Wir besorgen uns dazu ein oder zwei Meter Fliegenschutzgitter (von der Rolle). Das ist ein feinmaschiges, meist grün lackiertes Drahtgewebe, das sich gut verformen läßt. In entsprechend passende Stücke zugeschnitten, wird diese Fliegengaze jetzt auf das Holzgerippe des Hügelunterbaus lose aufgelegt und mit den Händen schon leicht in die vorgesehene Form vorgedrückt.

An den drei Außenkanten des Landschaftsunterbaus wird die Gaze dann mit kleinen Breitkopfnägelchen («Blauköpfe») festgeheftet. Das endgültige Formen ist jetzt nicht mehr schwer. Zu beachten ist, daß keine später unnatürlich wirkenden zu glatt und faltenfrei schräg abfallenden Flächen entstehen, sondern die Gelände-

«Vor dem Auftragen des Geländespachtels auf das Drahtgewebe sind darunter liegende Gleise durch Papier abzudekken, damit sie nicht durch heruntertropfenden Spachtel verschmutzt werden.»

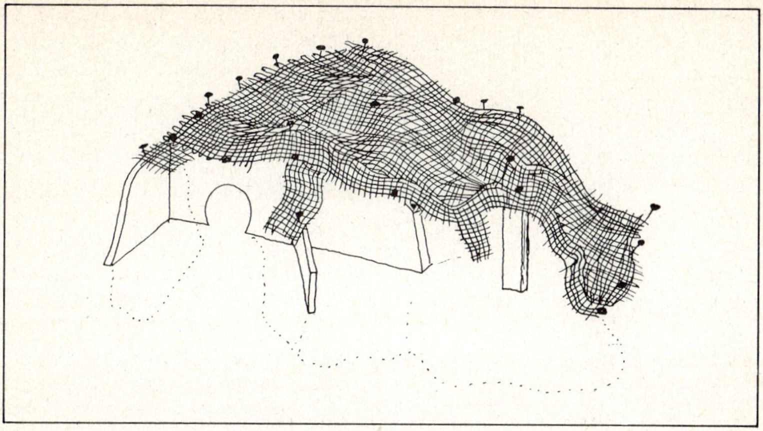

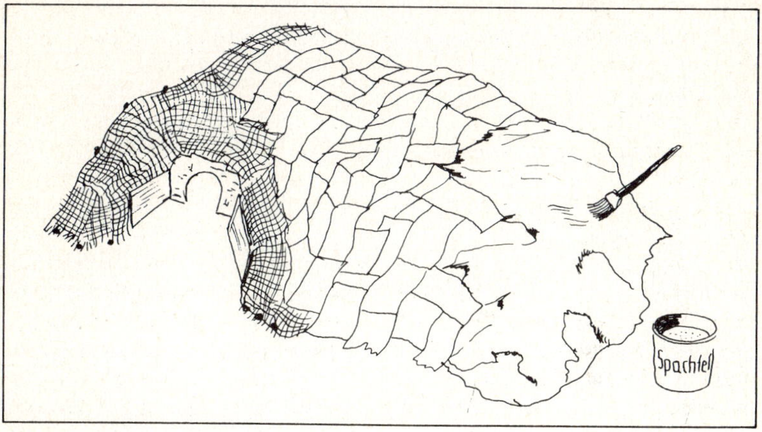

Auf das Sperrholz- und Leistengerüst wird feinmaschige Drahtgaze (Fliegengitter) aufgenagelt und durch Andrücken vorgeformt.

Auf den Drahtgaze-Untergrund wird in Leim getränktes Toilettenpapier aufgelegt und anschließend mit einer zweifachen Schicht Spachtelbrei bestrichen.

haut muß so natürlich wie möglich zurechtgedrückt werden; mit ein bißchen Übung schaffen Sie das leicht. Wir können anstelle der Fliegengaze auch Kreppapier mit Drahtgewebeeinlage verwenden, wie es als Modellbahn-Zubehörartikel im Modellbahn-Fachgeschäft erhältlich ist, aber die altbewährte Methode mit dem «Fliegendraht»

bringt eigentlich immer noch die besten Ergebnisse.
Schrittweise geht es jetzt weiter: Wir bestreichen Kreppapier (am besten eignet sich kräftiges Toilettenpapier) mit nicht zu dickflüssigem Weißleim (gegebenenfalls mit Wasser verdünnen) und legen die einzelnen Blätter überlappt direkt auf das Drahtgewebe auf. Jetzt nimmt unsere Landschaft schon deutlich sichtbare und endgültige Konturen an, und sicherlich werden wir hier und da das Drahtgewebe noch etwas anders formen oder zurechtdrücken oder auch noch zusätzliche Nägelchen zur Befestigung in die Leisten oder Stützbrettchen einschlagen. Das kann in aller Ruhe durchgeführt werden, denn der Leim trocknet nur langsam.
Um die Tunnelportale herum muß man das Drahtgewebe natürlich ein wenig sorgfältiger zurechtschneiden und befestigen, damit sich die Geländehaut gut dem Plastikportal anpaßt und die vorgezogenen Stützmauern wirklich so aussehen, als würden sie den Geländeeinschnitt vor der Tunneleinfahrt seitlich abstützen.
Und gleich kann weitergearbeitet werden: Auf die noch leimfeuchte Kreppapier-Unterlage wird ein dickflüssiger Brei aus Spachtel und Weißleim (bereits erdfarben eingefärbt) mit einem dicken und nicht zu weichen Pinsel aufgetragen. Kurz vor dem Erhärten kommt noch eine zweite Schicht Spachtel darüber; die Gesamtdicke der Geländehaut beträgt dann etwa 2 bis 3 mm. Damit ist die «Landschaftshaut» fertiggestellt und wir können unser Werk nun schon mit berechtigtem Stolz betrachten. Auf ähnliche Weise wird übrigens auch der im Rohbau bereits fertige Bahndamm in seinem sichtbaren Teil auf der linken Anlagenhälfte verkleidet.
Als wohlverdienter Ausgleich zu den etwas groben Vorarbeiten beim Aufbau des Landschafts-Stützgerüsts und Aufziehen der Landschaftshaut mit Gaze und Spachtel kommen wir nun zu echten gestalterischen Arbeiten – den Feinarbeiten an der Landschaft, die jetzt ihre endgültige Form, Farbe und «Bepflanzung» erhält, nachdem die Spachtelschicht gut durchgetrocknet ist.
Zunächst wird die bereits erdfarbene Geländehaut erneut mit einer neutralen Grundfarbe komplett gestrichen. Hierfür empfiehlt sich ein heller pastellfarbener Beigeton mit etwas hellem Grün als Zusatz. In jedem Fall sind Farben zu verwenden, die sich mit Wasser verdünnen und dadurch etwas abschwächen lassen, denn zu grelle und bunte Farben wirken grundsätzlich unnatürlich. Matte Pastelltöne – die naß in naß verlaufen – bringen dagegen eine äußerst natürliche Wirkung der Oberfläche.
Für die weitere «Bodenbepflanzung» bieten sich je nach Geschmack verschiedene Möglichkeiten an, vom einfachen Bestreu-

Modellbäume gibt es auch in Bausatzform. Stamm und Astwerk werden aus zierlichen gespritzten Kunststoffteilen zusammengesteckt und dann mit Kunststoffflocken beklebt. Unser Bild zeigt einen Baumbausatz der Firma Faller.

Groß ist auch die Auswahl an Laubbäumen bei allen Zubehör-Herstellern. Im Bild ein «blühender Baum» von Herpa.

en des mit Weißleim vorgeleimten Untergrunds mit Streumaterial bis hin zur künstlerisch wirkenden Bepflanzung mit Sträuchern, Bäumen und dem Einspachteln von Korkrinde-Felsimitationen. Hier sollen alle Möglichkeiten der Gestaltung und Verschönerung angesprochen werden, damit Sie selbst aussuchen und entscheiden können, wie und mit welchen Mitteln Sie Ihre Anlage ausgestalten wollen.
Beginnen wir mit dem einfachsten Mittel, dem Streumaterial. Dieses

«Mini-Konfetti» ist in Beuteln in vielen verschiedenen Farben erhältlich und wird einfach auf den mit Weißleim vorgeleimten Untergrund aufgestreut. Auf größere Flächen gestreut, ist die Gesamtwirkung allerdings nicht so überzeugend und weniger natürlich. Da greift man schon besser zu Landschaftsmatten, die es nicht nur als verschiedenfarbige Wiesenimitationen gibt, sondern auch in anderen farblich gut abgestimmten Tönen zur Darstellung von Feldern, Wegen, Hügeln usw. Diese allgemein als «Grasmatten» bezeichneten Kunststoffmatten bestehen – ähnlich wie die «Toporama»-Landschaftsmatten – aus einer dünnen elastischen Kunststoff-Trägerfolie mit aufgesprühten feinsten Kunststoffasern; dadurch entsteht der besonders plastisch und echt wirkende Eindruck einer Wiese. Die Matten werden mit Spezialkleber oder Weißleim auf den Untergrund geklebt und passen sich durch die flexible Trägerfolie allen Geländeformen geschmeidig an; nur scharfkantige Erhebungen oder Vertiefungen kann man nicht nachformen, es sei

Nadelbäume gibt es in verschiedenen Ausführungen und Höhen für alle Baugrößen. Sie können mit ihren Wurzelplatten direkt auf den Untergrund geklebt oder (nach Entfernen der Wurzelplatte) in eine Bohrung der Grundfläche gesteckt werden. Fabrikat: Herpa.

Felsen aus Korkrinde wirken natürlicher als deren Imitation aus Kunststoff oder Spachtelmasse. Unser Bild zeigt die «Burg Branzoll» – ein beliebtes Anlagen-Ausstattungsmotiv der Firma Kibri.

denn, man schneidet kleine Stükke aus der Matte aus und setzt sie wieder zusammen.

Ein Hügel besteht aber in der Regel nicht ausschließlich aus sanften welligen Sommerwiesen; es gibt auch vereinzelt Steine und Felsbrocken, gerade letztere unterstreichen zudem die Notwendigkeit eines Eisenbahntunnels. Für die Modellnachbildung von einzelnen Felsbrocken oder Felswänden eignet sich am besten Korkrinde. Die Rinde der Korkeiche (sie ist in Mittelmeerländern, z. B. auf Korsika weit verbreitet) eignet sich deshalb besonders gut für Modellfelsen, weil die Struktur der Rinde einem Felsgestein täuschend ähnlich sieht. Außerdem besteht keine Fäulnisgefahr, und die Korkrinde neigt auch nicht zum Zerbröckeln. Korkrinde zur Felsimitation gibt es ebenfalls im Zubehörsortiment vieler Hersteller.

Das Aufkleben der Rindenstücke muß mit etwas Gefühl für eine gewachsene Landschaft erfolgen; hierfür kann man kaum eine Art Gebrauchsanweisung aufstellen. Besser und sinnvoller ist es sicherlich, wenn Sie einmal bei einer Ausflugsfahrt draußen in der Na-

tur Umschau halten, wie Felsen aussehen, wie sie in die Landschaft «gewachsen» sind und sich harmonisch an die Umgebung anpassen bzw. umgekehrt.
In jedem Fall dürfen die Korkrindenstücke nicht einfach auf den Spachtelgrund nur aufgelegt, sondern sie müssen darin eingebettet werden. Dazu rührt man wieder etwas Spachtel an, der auf die Unterseite des Korkstücks satt aufgetragen wird. Der Kork wird dann auf die Landschaftshaut aufgedrückt und der seitlich hervorquellende Spachtel mit einem dünnen Holzspan sorgfältig verteilt und dem Untergrund angepaßt. Dann sieht diese Felspartie später auch «wie gewachsen» aus.
Man kann Felspartien auch aus dem Hartschaumstoff Styropor selbst zurechtschneiden und in waagerechten Schichten übereinander zu Hügeln oder Dämmen «stapeln» und dann verspachteln. Aber das ist gewöhnlich nicht ganz leicht für den Beginner, zumal Styropor bei nicht fachgerechtem Trennen sehr stark krümelt und diese Krümel wie die Kletten überall haften bleiben.
Da wir gerade wieder beim Spachtelanrühren sind, können wir nun auch noch einige Feinarbeiten an der Landschaftshaut vornehmen,

Mauerplatten aus fein graviertem Kunststoff gibt es in vielfältiger Auswahl bei allen Zubehörherstellern. Der Modellbahner braucht sie für die Gestaltung von Tunnelportalen, Mauern und Dämmen. Unser Bild zeigt eine Auswahl von Brawa.

denn das bloße Aufstreichen der nur wenige Millimeter dünnen Spachtelschicht auf das Drahtgewebe reicht nicht aus, um einen echt wirkenden Hügel hervorzuzaubern.
Mit Hilfe eines Holzspans oder Messers spachteln wir deshalb noch verschiedene Partien nach, um bestimmte Teile naturgetreuer zu modellieren und die zwangsläufig etwas «wellig-weiche» Landschaftshaut durch Detailstrukturen realistischer zu formen. Dies gilt in erster Linie für die Partien am Tunnelportal: Alle Ritzen und nicht erwünschten Vertiefungen werden zugespachtelt. Gleichzeitig wird dadurch der Eindruck festen Gesteins erzeugt, das die Notwendigkeit des Tunnelbaus an dieser Stelle unterstreicht.
Die vom Hügel herunterführende schmale Straße, die durch das Drahtgewebe bisher nur grob in ihrem ungefähren Verlauf angedeutet werden konnte, erhält nun mittels Spachtelbrei ihre endgültige Form. Eine Straßendecke wird millimeterdick mit einem entsprechend breiten Holz oder Metallspachtel aufgezogen, und seitlich werden in den noch weichen Spachtelbrei Wasserablaufgräben eingedrückt. Auch hier wieder der nützliche Ratschlag: Sehen Sie sich

Wegübergänge und beschrankte Straßenübergänge mit zugehörigen Gleis-Zwischenfüllstücken kann man als Zubehör fertig und im Bausatz kaufen; die Abbildung zeigt einen Bahnübergang in Baugröße N mit zierlichen Schrankenbäumen (Fabrikat Brawa), die sich – durch Gleiskontakte gesteuert – langsam öffnen und schließen.

bei Gelegenheit einmal eine Straße oder einen Feldweg unter diesen Gesichtspunkten näher an, damit Sie ihn naturgetreu in die Modellandschaft übertragen können. Schwierig sind diese Arbeiten keineswegs, man benötigt nur ein offenes Auge für die Natur, und dann geht das Modellieren fast schon von selbst von der Hand. Und dann werden Sie auch verstehen, daß die meisten Modellbahner behaupten: Landschaftsbau ist das Schönste am Anlagenbau!

Man kann und sollte die Gestaltung der Landschaft noch weiterführen: Bäume, Sträucher und Büsche gehören dazu. Modellbäume und Büsche aus präpariertem Islandmoos bzw. Schaumstoff-Flocken gibt es in vielfältiger Auswahl als Zubehör (vgl. Firmenübersicht im Anhang des Buches). Dazu ein paar Tips fürs Aufstellen der Bäume: Es wäre falsch, nur hier und da einen Baum «einzupflanzen», richtiger und viel besser in der Wirkung ist es, wenn die Bäume in kleineren Gruppen aufgestellt werden. Auch sollte man die Auswahl auf relativ hohe Bäume ausrichten, da viele der angebotenen Modellbäume eigentlich für die angegebene Baugröße zu niedrig sind.

Auf H0-Anlagen sollte ein Laubbaum nicht niedriger als etwa 10 cm sein und ausgewachsene Tannen bzw. Fichten etwa 15 cm hoch. Wichtig ist es, die Bäume genau senkrecht zu befestigen. Auf der flachen Anlagengrundplatte ist dies kein Problem; auf schräg ansteigendem Hügelgelände muß man mit Spachtel etwas ausgleichen, damit die Baumwurzel einen natürlich wirkenden Übergang zum Erdreich erhält. Bäume und Büsche kann man mit Alleskleber auf dem Spachteluntergrund befestigen. Noch vorteilhafter ist es, wenn man ein Loch in Stärke des Baumstamms in den Untergrund bohrt und die Bäumchen nach Entfernen der Wurzelimitation einfach einsteckt und mit einem Tropfen Kleber sichert.

Für das Begrünen der Flächen kann man entweder Streumaterial verschiedener Farbnuancen nehmen oder man schneidet unregelmäßige kleine Stücke aus Grasmatten aus, die dann an den Rändern einen leichten Übergang durch vorsichtiges Verspachteln erhalten, sonst wirken Wiesen aus Grasmatten wirklich nur wie «aufgepappt» und keineswegs natürlich.

Felder, Gärten oder stark zerfurchte Feldwege sind ebenfalls kein Problem in der Modelldarstellung. Spachtelbrei heißt hier wieder das Zauberwort. In den noch weichen, einige Millimeter dick aufgetragenen Spachtelbrei lassen sich mit einem Hölzchen kleine Furchen eindrücken, richtige Schlaglöcher, ausgefahrene Radspuren, kleine Steinchen und Streumaterial am Wegrand – alle diese Kleinigkeiten ergeben in ihrer Summe das Bild einer realistischen Landschaftsgestaltung.

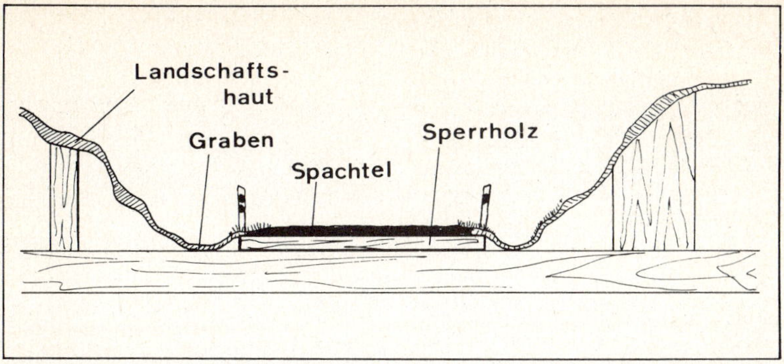

So sieht ein idealer Modell-Landstraßenquerschnitt aus. Aus Sperrholz und Spachtelbrei wird die Straße in genügender Breite modelliert; «Schlaglöcher» und Fahrspuren auf nicht befestigten Wegen lassen sich leicht in den noch nicht erhärteten Spachtelbrei eindrücken.

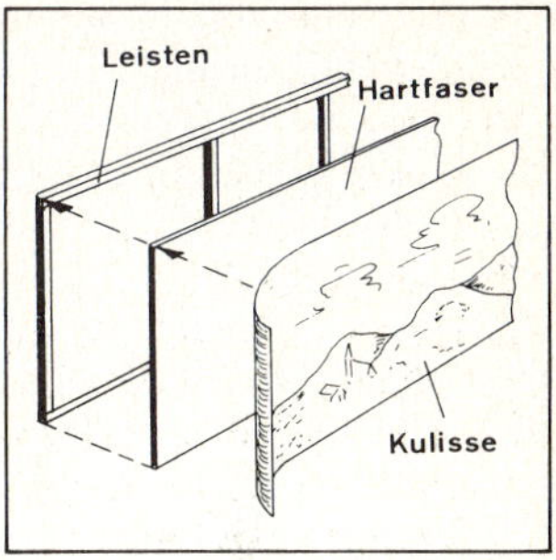

So wird das Kulissenpapier mit Hilfe einer auf einen Leistenrahmen geklebten Hartfaserplatte am hinteren Anlagenrand befestigt.

Aber es geht selten ohne den wachen und suchenden Blick beim Vorbild Natur. Also: Immer mal wieder draußen etwas Umschau halten mit dem Ziel: Was und wie kann ich irgend etwas auf die Modellbahn-Anlage übertragen?

Bei den meisten Modellbahn-Anlagen – auch auf der hier als Beispiel gezeigten Musteranlage – sind Straßen- und Wegübergänge vorgesehen. Damit werden die Stellen bezeichnet, an denen Wege oder Straßen in schienenglcicher Höhe über die Gleise führen. Schranken sieht man nur dort vor, wo der Übergang besonders gefährdet ist oder schnell fahrende Züge eine verkehrsreiche Straße kreuzen.

Wegübergänge werden durch Einleimen eines dünnen Holzbrettchens oder eines Pappstreifens zwischen den Schienen nachgebildet. Das Brettchen muß von den Innenkanten der Schienen einen genügenden Abstand haben, damit die Spurkränze der Räder frei vorbeilaufen können; an den Enden wird das Brettchen etwas

flach gefeilt, damit kein Kupplungshaken hängenbleiben kann. Auf keinen Fall darf die Oberfläche des Übergangs höher liegen als die Oberkante der Schienen. Das Straßenniveau muß zumindest im näheren Bereich des Übergangs soweit angehoben werden, daß die Höhe des Schwellenbands oder Gleiskörpers ausgeglichen wird.

Wegübergänge werden durch Warnkreuze oder Blinklichter abgesichert; beides gibt es als Zubehör im Modellbahn-Fachgeschäft.

Abschließend noch ein paar Tips für den Straßenbau auf der Anlage: Die meisten Modellbahner – selbst «alte Hasen» – machen vielfach den Fehler, Modellstraßen zu schmal anzulegen. Deshalb der Ratschlag: keine H0-Straße sollte schmaler als 8 cm sein (N = 5 cm, Z = 3 cm). Der ideale Straßenquerschnitt ist auf einer Skizze dargestellt, anhand derer Sie genau feststellen können, wie man eine vorbildgerechte Straße im Modell plant und aufbaut. Wenn Ihnen das zu langwierig und umständlich sein sollte, können Sie auch fertige Straßenfolien aus bedrucktem Papier oder Moosgummi auf die Anlagengrundplatte kleben. Es gibt sie im Modellbahn-Fachgeschäft ebenso wie die zugehörigen Straßen-Kennzeichnungen: Mittelstreifen, Zebrastreifen, Haltelinien, Verkehrszeichen usw. Man braucht das alles nicht mehr mühsam von Hand aufzupinseln.

Jetzt kommt der letzte Schliff: die farbliche Nachbehandlung der fertigen Landschaft. Wie schon zu Anfang dieses Kapitels angedeutet, eignen sich dazu Plaka- oder Fassadenfarben, die mit Wasser verdünnt werden können. Alle Teile der Landschaft werden mit

Hintergrundkulissen aus mehrfarbig bedrucktem Papier geben einer Modellbahn-Anlage optisch die gewünschte Tiefenwirkung. Die Zubehörfirmen Faller und Kibri (Bild) stellen ausgezeichnet wirkende Hintergrundkulissen her.

«Hintergrundkulissen sorgen für einen natürlich wirkenden Geländeabschluß am hinteren Anlagenrand und bringen optische Weite in das Gesamtbild der Modellbahn-Anlage.»

stark verdünnten Pastellfarbtönen so angestrichen (Sprühen oder Spritzen ist nach Abdecken von Gleisen usw. auch möglich), daß eine möglichst naturgetreue Wirkung erzielt wird. Dazu kann man verständlicherweise keine festliegende Gebrauchsanweisung anbieten. Außerdem ist das Farbempfinden eines jeden einzelnen unterschiedlich – was der eine als farbschwach und trüb ansieht, bezeichnet ein anderer unter Umständen schon wieder als zu grell und auffällig.

Beherzigen Sie nur diesen einen Tip: Farben dünn und stark verdünnt auftragen und möglichst keine reinen grellen Farbtöne verwenden – immer etwas Weiß oder ganz wenig Schwarz oder Beige beimischen. Dann sieht die Landschaft zu guter Letzt wirklich naturgetreu aus. Das wollten wir mit unseren «künstlerischen Bemühungen» schließlich auch erreichen.

Jetzt können wir mit berechtigtem Stolz unsere Arbeit betrachten: Die Landschaft ist fertig, Bäume und Büsche stehen in kleinen Gruppen locker aufgeteilt, die Asphaltdecke der Straße – wir haben sie mittelgrau gestrichen – strahlt mit ihrer glatten Oberfläche und den weißen Markierungslinien, auf dem Hügel grünt und blüht es und in der Ferne am «Horizont» – da schaut man auf eine geblümte Tapete und den Türrahmen. Die Illusion der perfekten Landschaft und Weite ist hin, weil der unpassende Hintergrund ganz einfach stört. Was kann man dagegen tun?

Die einfachste Lösung ist ein weitgehend neutraler Hintergrund, zum Beispiel eine weiß oder lichtblau gestrichene Rauhfaser-Tapete; wird die Anlage vor diese

Wand gestellt, so ist die Wirkung gleich um ein Vielfaches besser und natürlicher als vor einer Blümchen- oder Streifentapete. Noch schöner ist es natürlich, wenn der Blick auf unsere Modellbahn-Landschaft wie der Blick auf eine Theaterkulisse fällt und durch einen Fernblick zum Hintergrund erweitert wird; die Landschaft auf der kleinen Anlagenplatte würde dann viel weiträumiger und «echter» wirken.
Kulissen selbst malen ist natürlich nicht jedermanns Sache, dazu gehört doch schon etwas Maltalent. Aber das ist gar nicht nötig, denn die Zubehörhersteller Faller und Kibri bieten farbige Hintergrundkulissen an, die endlos aneinandergeklebt werden können. Die auf dünnes Papier gedruckten Kulissen werden mit Tapetenkleister auf eine 4 mm starke Hartfaserplatte geklebt und auf der Rückseite durch einen dünnen Leistenrahmen gegen Durchbiegen oder Verziehen geschützt. Die Befestigung der Kulissen erfolgt durch Anschrauben am Holzrahmen der Anlagenrückseite oder durch Aufhängen (wie ein Bild) an der Wand hinter der Anlage.
Damit der Übergang zwischen echter Landschaft und Kulisse unauffällig ist und keine unerwünschte Schattenbildung entsteht, müssen wir dafür sorgen, daß die «echte» Landschaft nicht direkt sichtbar an der Kulisse endet, sondern kurz vorher etwas nach unten abfällt (durch einen Graben hinter einer Straße oder mittels einer kleinen Bodensenke). Das wirkt natürlicher und unterstreicht den Eindruck der Weite in der Landschaft.
Ja – und damit wäre das Wichtigste zur Landschaftsgestaltung einer Modellbahn-Anlage für den Anfang gesagt und gezeigt. Selbstverständlich gibt es noch viele nützliche andere Tips und Hinweise, die aber aus Platzgründen speziellen Veröffentlichungen vorbehalten bleiben müssen (s. a. Literaturverzeichnis am Schluß des Buches).
Sie sind jetzt in der Lage, Ihre erste Modellbahn-Anlage fachmännisch und mit sicherem Blick für das Wesentliche landschaftlich zu gestalten; die in diesem Kapitel gezeigten Bildbeispiele und Bauskizzen geben Ihnen dazu die erforderlichen Hinweise und Grundrezepte, um dann auch Ihre eigenen Ideen erfolgreich in die Tat umsetzen zu können.

Es kommt langsam an…

... bleibt ein Weilchen stehen, verschwindet viel zu schnell wieder, taucht irgendwo unter und kommt ganz woanders wieder zum Vorschein: das Geld.

Einer der schönsten Züge an ihm: Wenn man es geschickt anlegt, kehrt es immer wieder zu einem zurück.

11. Wir bauen unsere Häuser selbst

Stadtatmosphäre bringen diese dicht nebeneinander aufgestellten zweigeschossigen Gebäudemodelle (Arnold N) auf die Anlage; sie passen nicht in eine dörfliche Idylle mit Landbahnhof.

Der Wunschtraum vieler, ein eigenes Haus zu besitzen, geht auf der Modellbahn-Anlage gleich mehrfach in Erfüllung. Denn neben Bahnhofs- und Betriebsgebäuden, von denen schon im Kapitel über Bahnhöfe die Rede war, gehören schließlich auch noch Wohngebäude, Ausflugslokale und andere Modellhäuser auf unsere Anlage. Sie bringen nicht nur eine erwünschte Abwechslung in das Gesamtbild, sondern unterstreichen auch die Notwendigkeit und den Sinn der Bahnlinie.

Dem Modellbahner steht eine fast unübersichtliche Vielzahl meist wunderschöner Gebäudemodelle für alle Baugrößen zur Verfügung. Die auf diesem Gebiet tätigen be-

Alte Fachwerkhäuser sollte man möglichst nur im Verbund mit anderen Gebäuden – auch modernen – aufstellen, da sie in der Regel zum Kern einer mittleren Ortschaft gehören und nur selten als Einzelhäuser «auf freiem Feld» zur Geltung kommen.

kannten Zubehörfirmen wie Faller, Kibri, Pola und Vollmer, um nur einige zu nennen, besitzen auf dem Sektor Modellgebäude jahrzehntelange Erfahrung und sind daher heute in der Lage, mit einer breiten Angebotspalette so gut wie jeden Wunsch zu erfüllen. Der Käufer kann praktisch zwischen einigen hundert Modellen seine Auswahl treffen. Aber – der Platz reicht gewöhnlich nur für zehn oder zwanzig Gebäude auf der meist platzbeschränkten Anlage aus. Was kauft man nun? Was paßt zusammen? Die Qual der Wahl ist groß.

Damit kommen wir wieder auf den Baustil und die landschaftsbedingten Eigenarten vieler Gebäudeformen zu sprechen. Ein vielstöckiger Patrizierbau mit Großstadtcharakter paßt nicht in eine dörfliche Idylle, und kleine geduckte fränkische Fachwerkbauten passen wohl kaum zu einem modernen Großstadtvorfeld. Trotzdem kann man mit etwas Geschick und Stilgefühl auch moderne Bauten mit alten historischen Häusern «mischen»; solche Gegebenheiten trifft man heutzutage fast in jeder Stadt an. Viel wichtiger ist es, die richtige Atmosphäre und Abgrenzung zu finden.

Kommen wir wieder auf unsere kleine Musteranlage zurück. Es bedarf kaum besonderer Erwähnung, daß hier Stadthäuser fehl am Platz sind. Ein- oder zweigeschossige Reihenhäuser, kleine Vorstadtvillen oder Bungalows werden der Lage besser gerecht als hohe Stadthäuser, die inmitten der Landschaft etwas verloren und deplaciert wirken würden.

Stadthäuser, auch alte Fachwerkhäuser, lassen sich nur dann glaubwürdig aufstellen, wenn die Anlage entweder durch umfangreiche Gleisanlagen das Vorfeld eines Stadtbahnhofs darstellen soll oder aber, wenn man – bei genügend großer Fläche – die Gebäude zum Anlagenrand hin aufstellt und sich den eigentlichen Stadtkern «irgendwo dahinter» denken kann. Sehen Sie sich mal den Bahnhof einer kleinen Ortschaft an: Welche Gebäude liegen in unmittelbarer Nähe des Bahnhofsvorplatzes und wie ist die Lage der einzelnen Gebäude zueinander? Fast immer ist eine etwas aufgelockerte Bauweise mit Vorgarten und Gärten hinter den Häusern angebracht und nur selten ist zu geschlossenen Häuserzeilen mit mehrgeschossigen Gebäuden zu raten. Kleine Betriebe mit Hinterhöfen und Abstellplätzen, den Kleingarten des Bahnhofsvorstehers, eine Zapfsäule der Dorftankstelle, eine Holzhandlung, ein Lagerhaus der landwirtschaftlichen Genossenschaft und ähnliches findet man in unmittelbarer Nähe eines Landbahnhofs; die eigentlichen Wohnhäuser liegen meist weiter zurück – vielfach versteckt hinter Bäumen und Vorgärten.

Nun ein paar Tips zum Zusammenbau der Hausmodelle, die fast

Ein typisches Einzelhaus für kleine Anlagen mit ländlichem Landschaftscharakter (Fabrikat Pola-H0).

Rechts oben: Ein paar Modellautos (von Wiking oder Herpa), Figuren (von Preiser oder Merten) und Baustellenschilder mit Blinkanlagen (von Busch) – das ist echte Straßen-atmosphäre.

Rechts unten: Modellquerschnitt durch eine asphaltierte Stadtstraße. Die Gebäudemodelle werden ohne ihre Grundplatten direkt auf den Gehsteig aus dünnem Holz oder Pappe geklebt. Für Beleuchtung sorgen von unten eingelassene Beleuchtungssockel und in den Gehsteig eingelassene Straßenleuchten.

ausschließlich als Bausatzpackungen im Karton geliefert werden.
Der Zusammenbau der vielen kleinen Kunststoffteile ist gewöhnlich kinderleicht, auch wenn die Vielzahl der Einzelteile in den Bausatzpackungen auf den ersten Blick etwas verwirrend erscheint. Meist wird in den Gebrauchsanleitungen auf die Reihenfolge der einzelnen Arbeitsgänge genau hingewiesen; grundsätzlich gelten folgende Hinweise:
Zuerst werden die Fensterrahmen und Cellon-Scheibeneinsätze eingeklebt, dahinter kommen die Gardinen und dann erst werden als letztes die einzelnen Hauswände zusammengefügt. Bei dieser Arbeit ist auf genau winkliges Zusammenpassen der Bauteile zu achten, eventuell sind vorhandene

SEEFISCHE

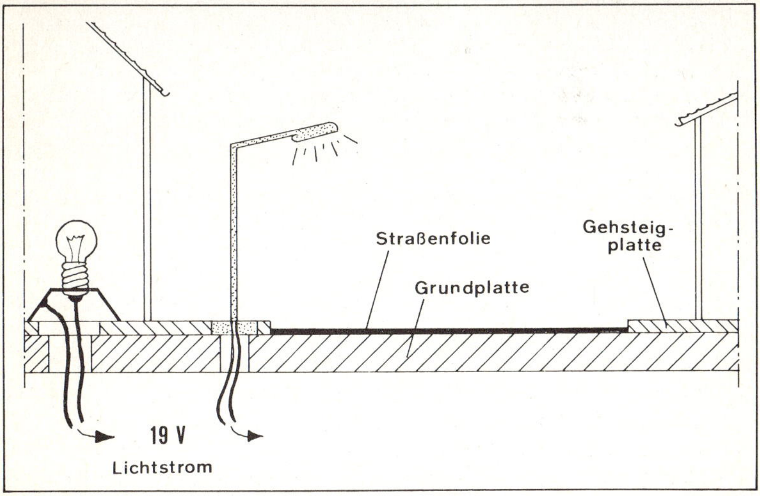
Straßenfolie
Gehsteig-
platte
Grundplatte
19 V
Lichtstrom

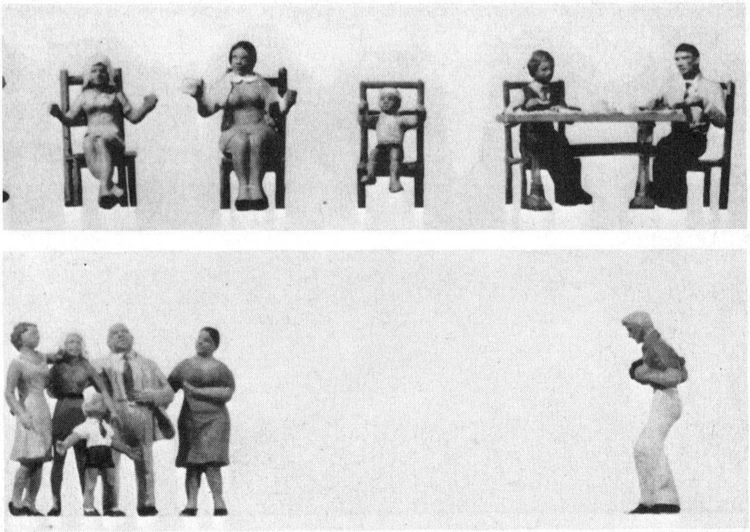

«Familie Krause» – H0-Figuren von Preiser

kleine Gußgrate vorsichtig mit einer Rasierklinge oder einem scharfen Bastelmesser zu entfernen.

Bevor das Gebäude seinen festen Standplatz auf der Anlage erhält, müssen wir uns entscheiden, ob wir das Haus beleuchten wollen oder nicht. Falls ja – bei Nachtbetrieb auf der Anlage wirkt das sehr reizvoll – sind vor dem Aufkleben auf die Grundplatte entsprechende Vorbereitungen zu treffen: Ein Beleuchtungssockel mit Lämpchen ist zu montieren und die Wände sind mit schwarzem, lichtundurchlässigem Papier (liegt den Bausätzen meist schon bei) von innen abzudecken, damit das Licht nur durch die Fenster und nicht durch die Wände scheint. Auch sollten wir etwa die Hälfte aller Fenster (nach gedachter Raumaufteilung) abdecken. Oder haben Sie schon mal bei Nacht ein Haus gesehen, in dem sämtliche Fenster beleuchtet waren? – Die den Bausatzpackungen beigegebenen «Gardinen» aus farbig bedrucktem Papier dämpfen das Licht und lassen es nur in leicht getöntem Farbschimmer nach außen scheinen.

Stellt man keine Einzelhäuser auf, sondern mehrere nebeneinander in einer Reihe, dann sollte man die Gehsteige nicht vergessen. Sie werden aus 2 mm Sperrholz (H0) bzw. 1 mm Holz oder Pappe (N) mit der Laubsäge ausgesägt bzw.

ausgeschnitten und entsprechend der Straßenführung auf die Anlagengrundplatte geklebt. Darauf werden dann die Gebäude direkt aufgeklebt ohne die Standplatten, die für eine Einzelaufstellung vorgesehen sind. Bei beleuchteten Modellen muß man innerhalb des Gebäudeumrisses eine genügend große Öffnung lassen, um bei erforderlichem Lampenwechsel von unten her den Beleuchtungssockel herausnehmen zu können. Als zweckmäßigster Klebstoff für alle Gebäudeteile aus Kunststoff hat sich Plastik-Flüssigkleber erwiesen, der mit einem feinen Malpinsel vorsichtig von der Rückseite her auf die zu verklebenden Stellen dünn aufgetragen wird (am besten zweimaliger dünner Auftrag). Nicht zuviel Kleber verwenden, damit er nicht durch Spalten oder Fensterritzen nach außen tritt, denn der Kleber löst die Kunststoffteile leicht an, das heißt, sie bekommen eine rauhe Oberfläche.

Die meisten Gebäudebausätze sind farblich bereits so gut, daß man kaum noch zu Pinsel und Plastikfarbe greifen muß (z. B. Faller «combi-kits» oder Pola-«supercolor»-Modelle). Wer es aber auch hier mit der Vorbildtreue genau nimmt, kann mit etwas Farbe noch manchen natürlichen Effekt herausarbeiten. So kann man die Dächer beispielsweise schmutzig rotbraun streichen, Rußspuren unterhalb der Schornsteine mit mattschwarzer Farbe andeuten, Mauerwerk anders tönen (meist ist es zu rot), weiße Flächen an Fachwerkgebäuden etwas anschmutzen und vieles andere mehr.

Haben die Gebäude ihren Standplatz gefunden, dann ist die Modellbahn-Anlage eigentlich fertig – oder sollte doch noch etwas fehlen? Lassen wir einmal den Blick in die Runde schweifen: Die Straßen sind blitzsauber, alle Leute halten sich offensichtlich brav in ihren Häusern auf und überall auf der Anlage herrscht eitel Ruhe und Frieden. Wissen Sie jetzt, was uns noch fehlt? – Natürlich Mini-Menschen und Mini-Autos. Denn erst dieses Zubehör gibt unserer Anlage den letzten Pfiff.

Die Anschaffung von Figuren und Modellautos schlägt zwar noch einmal ein Loch in unsere Modellbahn-Kasse, aber es lohnt sich. Außerdem kann man die «Bevölkerung» ja auch in Abständen kaufen, und nicht jede Mini-Familie muß gleich ihr eigenes Auto vor der Tür haben.

Aber täuschen Sie sich nicht: Selbst auf einer kleinen Anlage kann man mühelos 100 Figuren unterbringen, ohne daß es gleich nach einer «Bevölkerungs-Explosion» aussieht. Das Angebot der Zubehörfirmen Preiser und Merten ist auf diesem Gebiet sehr groß und vielfältig. Es gibt praktisch Figuren «für alle Gelegenhei-

Auch für die vorbildnahe Szenerie an einer Laderampe am Güterschuppen braucht man Automodelle und Figuren, sonst wirken die Betriebsanlagen leer und unwirklich.

Gebäudemodelle in hervorragender Ausführung gibt es für alle Modellbahn-Baugrößen. Unser Bild zeigt ein H0-Rathaus von Vollmer als eines von unzähligen Beispielen, wie man seine Modellbahn-Anlage mit Gebäuden komplettieren kann. Und nicht zu vergessen: Modellfiguren sorgen erst für die lebensechte Atmosphäre (Figuren von Preiser).

ten»: Bahnbedienstete, Reisende mit Taschen und Koffern, sitzende und liegende Figuren, Handwerker, Passanten und viele, viele andere Gruppen. Auch Haustiere gibt es in allen gebräuchlichen Modellbahn-Maßstäben.

Bevor man die Figuren auf ihrem vorgesehenen Standplatz aufklebt, sollte man die untergeklebten durchsichtigen Standplättchen ganz vorsichtig mit einem scharfen Messer oder einer Rasierklinge entfernen; diese Standplatten sehen nämlich nicht gerade schön aus und haben nur dann einen Sinn, wenn man die Figuren öfters einmal anders aufstellen möchte.

Ähnlich vielfältig wie das Angebot an Modellfiguren ist auch das Modellauto-Sortiment.

Hier bietet in erster Linie die Firma Wiking detailgenaue Kopien bekannter Automodelle in vielen Farben, Formen und Ausführungen für den H0- und N-Maßstab an. Die Auswahl kann manchmal schon schwerfallen, denn ein Modell ist schöner als das andere. Die Autos werden ebenfalls durch einen winzigen Tupfer Plastikkleber (auf den Unterseiten der Räder) auf den vorgesehenen Standplätzen angeheftet, damit sie nicht bei jeder kleinen Erschütterung unbeabsichtigt ins Rollen kommen.

Für alle diese wichtigen, wenn auch auf den ersten Blick unscheinbaren Ausstattungsdetails hält Ihr Modellbahn-Fachhändler eine große Auswahl bereit: Es gibt praktisch «nichts, was es nicht gibt». Selbst Litfaßsäulen, Haltestellenschilder für Busse und Bahnen, Verkehrszeichen, Plakate und vieles andere «Kleinzeug» ist in den Katalogen angeführt. Natürlich kann man nicht alles auf einmal kaufen; das ist auch nicht Sinn der Sache, denn die Ausgestaltung unserer Anlage soll auch nach Monaten immer noch wieder den Anreiz bieten, hier und da ein Ergänzungsteil hinzuzukaufen, eine kleine Änderung oder Verbesserung vorzunehmen – kurz: Es soll nicht alles auf einmal «fertig» sein, damit der Anreiz des Gestaltens und Weiterausbauens der Anlage erhalten bleibt.

Anregungen und wertvolle Tips für den weiteren Ausbau der Modellbahn-Anlage geben Ihnen beispielsweise Modellbahn-Fachzeitschriften, die monatlich Bastelanregungen, Tips für den Anlagenbau und viele andere nützliche Hinweise und Bauanleitungen veröffentlichen.

Nun haben wir also die Arbeiten an unserer Anlage soweit abgeschlossen, daß wir voll Stolz das Ergebnis vieler Feierabendstunden und Basteltage betrachten können. Die Züge fahren auf einem vorbildgerecht und fachmännisch verlegten Gleiskörper, Landschaft und Gebäude ergänzen die Bahn zu einer ausgewogenen Modellbahn-Anlage, die sich sehen lassen kann.

Der Fahrbetrieb kann endgültig beginnen: «Fahrt frei» für unsere erste Modellbahn!

12. Inspektionen kosten nichts

Für Autofahrer ist es eine Selbstverständlichkeit, daß man seinem Fahrzeug in regelmäßigen Abständen Pflege zukommen läßt; man bringt es zur Inspektion, läßt den Motor nachsehen, wechselt das Öl und kümmert sich auch zwischen den vorgeschriebenen Pflegeintervallen um sein Fahrzeug.
Eine Modell-Lokomotive ist im Prinzip genauso ein pflegebedürftiges Fahrzeug. Nur stellt eine Lok viel geringere Ansprüche an Pflege und Wartung als ein Auto, weil die Modellbahn-Hersteller bemüht sind, die Konstruktion ihrer Fahrzeuge wartungsfreundlich und verschleißarm auszulegen. Selbst wenn Sie sich überhaupt nicht um Fahrzeuge oder Gleise kümmern und nur gelegentlich auf der Anlage «mal etwas Staub wischen», funktioniert der Betrieb ziemlich lange reibungslos. Aber irgendwann tritt dann einmal die große befürchtete Betriebspanne auf, und keine Lok läuft mehr ruckfrei, die Fahrzeuge bleiben auf den Weichen stehen, alles ist verstaubt und verschmutzt und die Anlage macht mehr Ärger als Freude – am Ende heißt es: Nichts geht mehr.
Das muß nicht sein, denn ein bißchen regelmäßige Pflege kostet nur wenig Zeit und kein Geld. Deshalb zum Abschluß unserer Reise in das Modellbahn-Land einige praktische Hinweise, wie Sie Ihre Modellbahn-Anlage, die einschließlich der Fahrzeuge immerhin ein recht wertvolles Objekt darstellt, auf lange Jahre ständig betriebsbereit und in gutem Zustand halten können.
Bei der Pflege unterscheidet man zwischen Gleispflege, Fahrzeugpflege und allgemeiner Anlagenpflege. Beginnen wir mit der Gleispflege, der «Instandhaltung des Fahrwegs» für die Eisenbahn, der auch beim Vorbild große Bedeutung zukommt, wenn auch aus anderen Gründen als bei der Modellbahn.
Sicherlich haben Sie schon einmal in einem Kaufhaus oder Modellbahn-Geschäft einen Zug auf einer Ausstellungsanlage tagein,

«Gleise, Fahrzeuge und Anlage brauchen regelmäßige Pflege. Der ärgste Feind ist der Staub.»

Die Gleise müssen in regelmäßigen Abständen mit einem weichen Lappen abgerieben werden, der mit etwas Schienenreinigungsöl oder anderer Reinigungsflüssigkeit getränkt wird.

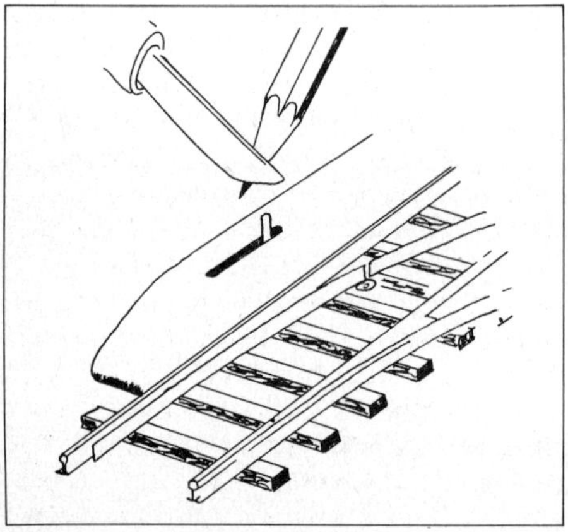

Ein wenig Graphitstaub von einer Bleistiftmine in den Stellstiftschlitz des Weichenantriebkastens gestreut und durch Blasen verteilt verhindert Störungen im Weichenmechanismus. Aber höchstens einmal jährlich anwenden und kein Fett oder Öl benutzen!

tagaus unermüdlich seine Runden drehen sehen und sich gefragt: Wer kümmert sich denn da um Gleispflege – meine Anlage ist doch in einem ganzen Monat nur ein Bruchteil der Stunden in Betrieb wie diese Vorführanlage, auf der die Züge pausenlos fahren?
Stimmt – aber der Grund für die vermeintliche Vernachlässigung der Pflege bei ständig betriebenen Anlagen liegt woanders: Die Schienen unserer Gleise bestehen aus Messing oder Neusilber oder brüniertem Blech – also aus Metall. Bei längerer Nichtbenutzung neigen fast alle Metalle dazu, in Verbindung mit Sauerstoff (also Luft) eine hauchdünne Oxidschicht auf der Oberfläche anzusetzen. Und diese Oxidschicht verhindert eine einwandfreie Strom-

abnahme durch Schleifer oder Räder der Loks, das gilt auch sinngemäß für die Oberleitung. Wird dagegen pausenlos auf der Anlage gefahren (wie bei Vorführanlagen), so kann sich diese stromübertragungshemmende Schicht nicht so schnell bilden, das heißt: Die Züge laufen einwandfrei, weil auch der elektrische Kontakt zwischen Schienenoberfläche und Lokschleifern bzw. Rädern einwandfrei ist.

Als weitere «Strombremse» kommt der allgegenwärtige Staub hinzu. Er setzt sich auf den Schienen ab und bildet unter ungünstigen Umständen mit heruntergetropftem Öl aus zu stark geschmierten Fahrzeuggetrieben (darüber gleich noch Näheres) manchmal einen echten Schmutzfilm, der sich dann durch die entstehende Funkenbildung an den Rädern regelrecht in die Schienen und auch in die Fahrzeugräder einbrennt.

Und darum ist eine regelmäßige Gleispflege, oder besser gesagt: Schienenpflege, wichtig für einen ordentlichen und ungestörten Fahrbetrieb. Ein Überwischen mit einem Lappen, der mit ganz wenig Reinigungsbenzin oder Brennspiritus getränkt ist, reicht zur monatlichen Pflege normalerweise schon aus. In ganz hartnäckigen Fällen kann man auch mit sehr feinem Schleif- oder Polierleinen vorsichtig die Schienen reinigen. Im Modellbahnhandel gibt es auch von einigen Firmen speziell entwickelte Schienenreinigungswagen (meist umgebaute Kesselwagen), die mit einem Reinigungs- oder Kontaktöl gefüllt werden, das über ein kleines eingebautes Ventil einen Filzstreifen tränkt, der auf die Schienen gedrückt wird und so die Gleise während des Fahrbetriebs reinigt. Das ist besonders dann praktisch, wenn unsere Anlage auch längere Tunnelstrecken besitzt, die man mit dem Lappen von Hand nicht mehr bequem erreichen kann.

In jedem Fall empfiehlt sich nach der Reinigung mit Polierleinen oder Lappen ein leichtes Überwischen mit speziellem Modellbahn-Schienenreinigungsöl (Fabrikat Weis); dann bleiben die Schienen anschließend wochenlang sauber und «kontaktfreudig». Eigentlich überflüssig zu sagen, aber wichtig: Beim Umgang mit Reinigungsbenzin und Spiritus an die Feuergefahr denken und nicht rauchen!

Noch ein Tip: Achten Sie darauf, daß Sie beim Abwischen der Gleise und Weichen mit dem Lappen nicht an scharfkantigen und empfindlichen Teilen der Weichenzungen oder dergleichen hängenbleiben; sie könnten sich verbiegen oder abgerissene Tuchfasern beeinträchtigen später die einwandfreie Funktion dieser Teile. Soviel zur Gleispflege.

Die Pflege der Triebfahrzeuge und Wagen macht kaum mehr Arbeit und kann in Ruhe außerhalb der Anlage vorgenommen werden. Es sollte bei dieser Pflegear-

Das komplizierte Innenleben einer Modell-Dampflokomotive (hier am Beispiel einer Arnold-N-Lok). Das aufgeschnittene Gehäuse gibt den Blick frei auf Motor, Schneckengetriebe, Beleuchtungslämpchen und Raucheinsatz. Ähnlich sind auch die Fahrzeuge anderer Fabrikate aufgebaut. Soviel feinmechanische Präzision braucht natürlich auch Pflege.

beit aber noch sorgfältiger vorgegangen werden, denn schließlich kosten unsere Lokomotiven einiges und es wäre schade, wenn durch mangelnde Pflege die Laufdauer und Einsatzbereitschaft nur von kurzer Dauer ist.

Grundsätzlich gilt erst einmal: Alle sich drehenden Teile bedürfen der Wartung; einzige Ausnahme ist das Innenleben des Motors, wenn eine fast vollständig gekapselte, wartungsfreie Ausführung eingebaut ist, die selbstschmierende Sinterlager besitzt. Lediglich die «Bürsten», das sind die Stromabnahme-Schleifstücke am Kollektor, müssen nach einer gewissen Betriebszeit gegen neue, als Ersatzteil erhältliche Schleifstücke ausgewechselt werden. Eine einfache Arbeit, die in jeder Betriebsanleitung genau beschrieben ist.

«Vorsicht beim Ölen oder Fetten von Fahrzeugteilen – nicht zu oft und nur ganz wenig Schmiermittel verwenden, sonst verschmutzen Fahrzeuge und Gleise schneller.»

Womit wir beim Stichwort «Betriebsanleitung» sind. In der Regel werden Betriebsanleitungen – gleich ob für Modelloks oder Waschmaschinen – irgendwo verlegt, und wenn man sie braucht, sind sie nirgendwo mehr aufzufinden. Deshalb legen Sie nach dem Kauf der Lok oder eines Zubehörteils (Signal, Weiche, Bahnübergang, Drehscheibe u. a.) die Betriebsanleitungen grundsätzlich an einen

ganz bestimmten Platz, damit sie im Bedarfsfall zur Hand sind.
Doch wieder zurück zur Lokpflege: Alle Zahnräder brauchen hin und wieder ein winziges Tröpfchen Öl, damit Verschleiß und Geräuschentwicklung in Grenzen gehalten werden können. Verwenden Sie dazu aber nur reines, harzfreies Nähmaschinenöl oder Autoöl, auf keinen Fall irgendein undefinierbares Haushaltsöl oder gar Salatöl. Damit würden Sie nämlich das genau Gegenteil erreichen: Minderwertige Schmieröle verharzen und beeinträchtigen schon bald die einwandfreie Funktion des Getriebes.
Ebenso vertragen die Lagerstellen aller Radachsen gelegentlich ein winziges Tröpfchen Öl – die Betonung liegt auf «winzig», denn zuviel Öl schadet mehr, als es nützen soll; nur zu leicht verschmieren die Gleise durch umherspritzendes überschüssiges Öl. Besitzt die Lok nicht nur Zahnräder, sondern ein Schneckengetriebe (auch das ist in der Betriebsanleitung vermerkt), so muß gelegentlich nach dem Schmierfett gesehen werden, denn Schneckengetriebe benötigen Fett anstelle von Öl. Es gibt spezielle Schmierfette für Modellbahn-Schneckengetriebe (z. B. von Trix) – etwas anderes sollten Sie nicht nehmen, auf keinen Fall etwa Hautcreme.
Eventuell durch den Betrieb auf der Anlage zwischen die Lager gelangte Wollfusseln oder ähnliche Fremdkörper versuchen wir vorsichtig mit einer spitzen Pinzette herauszuangeln, denn sie behindern den leichten Lauf und verursachen unter Umständen eine Überbeanspruchung des Motors, der dann zu heiß wird und in seiner Leistung spürbar nachläßt. Es lohnt sich, gelegentlich einmal die Lok von der Unterseite zu betrachten und zu reinigen. Verschmutzte und ausgeschlagene Haftstreifen (sie dienen bei den meisten Loks zur Zugkraftsteigerung) müssen ebenfalls gelegentlich gegen neue ausgetauscht werden. Wie man das macht, steht in der Betriebsanleitung; dort ist auch die Ersatzteilnummer des neuen Haftbelags für den entsprechende Loktyp angegeben.
Wenn trotz regelmäßiger Pflege die Zugkraft und Geschwindigkeit der Lok einmal im Lauf der Zeit spürbar nachlassen sollte, hilft nur eine Generalreinigung. Das erfordert allerdings ein Zerlegen der Lok und Reinigung in einem Spezial-Reinigungsbad (z. B. Fabrikat Seuthe). Das sollte man normalerweise vielleicht besser einem Fachmann überlassen. Ihr Modellbahn-Fachgeschäft erledigt diese Arbeit für Sie. Sie können diesen Zeitpunkt zur «Generalinspektion» auf Jahre hinauszögern, wenn Sie sich an die Hinweise der jeweils zur Lok gehörenden Betriebsanleitung halten. Dort finden Sie auch genaue Hinweise beispielsweise für den Stirnlampenwechsel, der ebenfalls von Fahrzeug zu Fahrzeug unterschiedlich

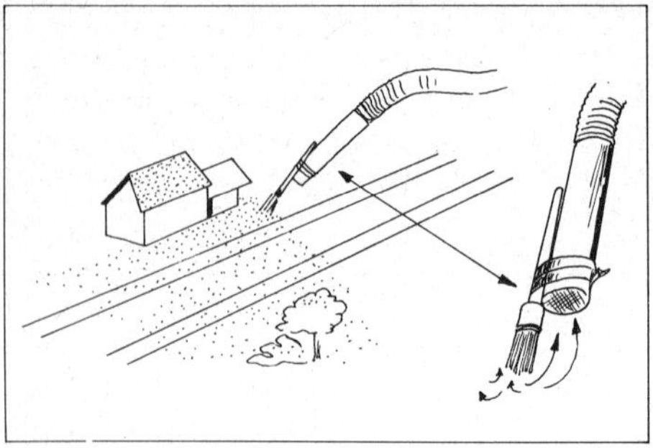

So wird mit Hilfe eines präparierten Staubsaugers ein- oder zweimal im Jahr die Anlage gründlich gereinigt. Ein am Schlauch befestigter Borstenpinsel und ein Schutzsieb vor dem Rohr erleichtern die Arbeit.

ist oder über den Einbau von Raucheinsätzen (Fabrikat Seuthe).
Funktioniert einmal Ihre Bahn überhaupt nicht, so müssen Sie nicht gleich Schlimmes vermuten, sondern gezielt auf Pannensuche gehen. Rührt sich die Lok nicht vom Fleck, so kann es einmal am Fahrzeug selbst liegen; setzen Sie eine andere Lok aufs Gleis.
Fährt diese zweite Lok auch nicht nach Aufdrehen des Fahrreglers an, so gibt es wieder zwei Hauptmöglichkeiten der Störungsursache. Die Schienen können gerade in diesem Bereich verschmutzt sein, so daß die Stromabnahme unterbrochen ist. Setzen Sie die Lok ein paar Zentimeter daneben aufs Gleis – läuft sie, so ist eine Schienenreinigung und am besten gleich auch eine Reinigung der Fahrzeugräder angebracht.
Läuft die Lok aber auch dann nicht an, so kann entweder ein Kurzschluß vorliegen (eine Kontrollampe am Fahrpult zeigt Kurzschlüsse schon nach wenigen Sekunden an und schaltet selbsttätig den Fahrstrom ab) oder aber an irgendeiner Stelle hat sich eine Stromzuführungslitze gelöst. Diese «wunde Stelle» müssen Sie finden; überprüfen Sie bei dieser Gelegenheit gleich den festen Sitz aller Kabelanschlüsse auf der Anlage. Ein Kurzschluß entsteht in der Regel nur dann, wenn beispielsweise ein metallischer Gegenstand (Stecknadel oder Nagel) quer auf den Schienen oder zwischen den Weichenzungen liegt; überprüfen Sie die Gleise, und Sie werden den «Störenfried» meist schnell finden. Sonst treten bei der Modellbahn nach sachgemäßem Aufbau kaum Betriebsstörungen auf, die Sie mit ein wenig Geduld nicht selbst finden und beheben können.
Zum Abschluß noch ein kleiner, aber wertvoller Tip zum Entstauben der gesamten Anlage, falls Sie die komplette Bahn bei Nichtgebrauch nicht durch eine Plastikfolie abdecken wollen. Für eine einmal oder zweimal jährlich durchzuführende Grundreinigung emp-

«Beachten Sie die Pflegehinweise in den Betriebsanleitungen der Fahrzeuge. Legen Sie die Betriebsanleitungen an eine Stelle, wo sie immer griffbereit sind.»

fiehlt sich ein normaler Hausstaubsauger. Allerdings muß man einige Vorkehrungen treffen, damit man nicht die Anlage demoliert oder kleine Figürchen oder Automodelle im Staubsauger wie bei einem Wirbelsturm verschwinden.

Zur Reinigung benutzt man den flexiblen Schlauch des Staubsaugers, weil man damit auch in unbequem zu erreichende Winkel kommt. Um den manchmal hartnäckig auf Hausdächern oder Straßen buchstäblich festklebenden Staub zu lösen, befestigt man vorn am Staubsaugerschlauch mit Tesaband einen nicht zu weichen Borstenpinsel und stülpt vorher über das Schlauchende ein Stück Stoffgaze (z. B. von einem Nylonstrumpf). So kann man ohne Bedenken an die Reinigung der Anlage herangehen, damit man auf Jahre hinaus Freude am schönen Aussehen der Modellbahn-Landschaft hat und der Betrieb immer auf Anhieb reibungslos funktioniert.

13. Wenn Sie noch mehr wissen wollen ...

Wohl jeder, der sich eine Weile mit seinem Hobby beschäftigt hat – gleich, ob er Briefmarken sammelt oder mit der Modellbahn fährt –, dringt tiefer in seine neue Freizeitbeschäftigung ein, er probiert dieses oder jenes aus, er beschäftigt sich mit Einzelheiten und Einzelproblemen und sucht vor allen Dingen meist schon nach kurzer Zeit noch mehr Information und mehr Wissen über sein Hobby.

Gerade für das weitverbreitete und technisch wie gestalterisch hoch interessante und anspruchsvolle Hobby Modelleisenbahn gibt es eine Vielzahl von Literatur – Zeitschriften, Broschüren, Firmen-Veröffentlichungen und Sachbücher, die für jeden etwas bieten und vor allem auf spezielle Themen ausführlich eingehen, die hier in diesem Grundlagenbuch verständlicherweise nur in den wichtigsten Punkten abgehandelt werden können.

Alle hier aufgeführten Publikationen sind speziell für den Modelleisenbahner und sein Hobby geschrieben worden. Sie sind bei Ihrem Modellbahn-Fachhändler und, mit Ausnahme der Firmenschriften, auch über den Buchhandel erhältlich. Sollten Sie trotzdem einmal die eine oder andere Veröffentlichung nicht bekommen können, schreiben Sie an den Verlag oder Herausgeber; dort kann man ihnen Bezugsquellen nachweisen.

Zeitschriften

eisenbahn magazin

Offizielles Organ des Bundesverbandes Deutscher Eisenbahn-Freunde (BDEF); größte und auflagenstärkste deutschsprachige Eisenbahn-Hobby-Zeitschrift mit umfangreichem Modellbahnteil, Vergleichstests von Fahrzeugen, Anlagenbautips, Gleisplänen und vielen nützlichen und praktischen Hinweisen sowie ständiger Neuheiten-Berichterstattung auf allen Gebieten des Modellbahn-Hobbys.
Erscheint monatlich
alba-Publikation,
Postfach 320 109,
4000 Düsseldorf 30

Miniaturbahnen

Die Modellbahn-Zeitschrift mit Schwerpunkten auf Anlagen-Bildberichten, Bauanleitungen und Messeneuheiten-Besprechungen.
Erscheint monatlich
Miba-Verlag,
Spittlertorgraben 39–41,
8500 Nürnberg

Eisenbahn

Österreichische Eisenbahn-Hobby-Zeitschrift mit Modellbahnteil.
Erscheint monatlich
Bohmann-Verlag, Canovagasse 5,
A-1010 Wien I

Eisenbahn-Amateur

Schweizerische Eisenbahn-Hobby-Zeitschrift mit Modellbahnteil.
Erscheint monatlich
Otto Gerber, Trottenstraße 84,
CH-8037 Zürich

Märklin-Magazin

Hauszeitschrift der Fa. Märklin, behandelt hauptsächlich fabrikatbezogene Modellbahnthemen.
Erscheint viermal jährlich
Modellbahnen-Welt Verlags
GmbH, Postfach 940,
7320 Göppingen

Fleischmann-Kurier

Hauszeitschrift der Fa. Fleischmann, behandelt hauptsächlich fabrikatbezogene Themen; Betriebseinsatzbeispiele vom Vorbild.
Erscheint viermal jährlich
Verlag Fleischmann-Kurier,
Postfach 150148,
8500 Nürnberg 15

LGB-Depesche

Hauszeitschrift für die Lehmann-Groß-Bahn (LGB) mit Tips für den Aufbau und Betrieb der LGB-Zimmer- und -Gartenbahnanlagen.
Erscheint zweimal im Jahr
Patentwerk E. P. Lehmann,
Saganer Straße 4, 8500 Nürnberg

Firmenschriften und -broschüren

Arnold-Gleisanlagenbuch, Band 1 – Technik

Von Robert Münzing – Auf rund 150 Seiten erfährt der Leser alles Wissenswerte über Technik, Gleissystem und Schaltungsaufbau der Arnold-N-Modellbahn. Zahlreiche Abbildungen, Zeichnungen, Schaltungsbeispiele und

Hinweise erklären die komplette Systemtechnik der Arnold-N-Bahn.
K. Arnold + Co. KG.,
Postfach 120, 8500 Nürnberg 1

Arnold-Gleisanlagenbuch, Band 2 – Gleispläne

Von Robert Münzing – Auf rund 150 Seiten bietet dieser zweite Band viele praktische Aufbaubeispiele für Arnold-N-Anlagen, von der Planung bis zur Detailgestaltung, mit Gleisplanbeispielen, Stücklisten und Hinweisen auf Besonderheiten der Arnold-N-Bahn.
K. Arnold + Co. KG.,
Postfach 120, 8500 Nürnberg 1

Brawa-Signalbuch

In dieser 97 Seiten starken Broschüre werden Aufstellung, Funktion und Schaltung der Brawa-Signale anhand von Abbildungen und Schaltplänen erläutert.
Artur Braun, Postfach 1120,
7050 Waiblingen

Modellbau – leichtgemacht

Eine Broschüre mit Tips und Hinweisen für viele Bereiche der Anlagengestaltung unter Berücksichtigung der Produkte der Zubehörfirma Faller; mit vielen Abbildungen.
Gebrüder Faller GmbH.,
7741 Gütenbach

Anlagenbau schöner + leichter

In dieser Broschüre wird anhand von Abbildungen und Beispielen der Geländeaufbau mit Hilfe des Faller-Decorplatten-Systems und der «Geoform»-Bauweise am Aufbaubeispiel von H0-Märklin-Sets beschrieben.
Gebrüder Faller GmbH.,
7741 Gütenbach

Fleischmann-Gleisplanbuch H0

Ausführliches Vorlagenbuch für Fleischmann-H0-Anlagen mit Aufbauanleitungen, Verdrahtungs- und Stellwerksaufbau-Angaben, Spiel- und Betriebsanregungen; mit Stücklisten und Landschaftsschaubildern.
Gebrüder Fleischmann,
8500 Nürnberg

Fleischmann-Gleisplanheft «piccolo»

Auf 24 DIN-A4-Seiten werden N-Anlagen mit Stücklisten, Aufbauanleitungen, Verdrahtungsangaben usw. anschaulich gezeigt.
Gebrüder Fleischmann,
8500 Nürnberg

Fleischmann-Gleisplanbuch «piccolo»

Ähnlich wie das H0-Gleisanlagenbuch von Fleischmann werden in

dieser Broschüre Fleischmann-N-Anlagen von der Planung (Stückliste) bis zum kompletten Betriebsaufbau mit Stellwerks-Bauanleitung vorgestellt.
Gebrüder Fleischmann,
8500 Nürnberg

LGB-Betriebsanleitung

Sonderheft mit wichtigen Hinweisen für Aufbau, Anschluß und Pflege der Lehmann-Groß-Bahn (LGB).
Patentwerk E. P. Lehmann,
8500 Nürnberg

LGB-Gleisbahnbuch

Von Robert Münzing. In diesem aufwendig ausgestatteten farbig illustrierten Buch wird das komplette Gleissystem der Lehmann-Groß-Bahn eingehend in Planung und Aufbau für Zimmer- und Freilandanlagen an Hand vieler Gleispläne und praktischer Baubeispiele beschrieben.
Patentwerk E. P. Lehmann,
8500 Nürnberg

Die Märklin-H0-Bahn
und ihr großes Vorbild

Ein 228 Seiten starkes Handbuch für die Freunde der Märklin-H0-Modellbahn mit Anregungen für die Gestaltung der Anlage, Vorstellung der Märklin-Fahrzeuge und ihrer Vorbilder, Signale, Vorschriften des Großbetriebs und Schaltbeispiele.
Gebrüder Märklin + Cie.
GmbH., 7320 Göppingen

Märklinbahn + Landschaft

Von Bernd Schmid – In dieser 192 Seiten starken bebilderten Broschüre wird der Aufbau einer Märklin-H0-Anlage bis ins kleinste Detail besprochen. Viele Abbildungen, technische Einzelheiten, Landschaftsbau und andere Tips für Märklin-Modellbahner.
Gebrüder Märklin + Cie.
GmbH., 7320 Göppingen

Märklin-Gleisanlagen, Spur H0

Märklin bietet für seine beiden H0-Gleissysteme M (Metallbettungskörper) und K (Kunststoff-Schwellenbandgleis) je zwei Gleisplanbroschüren an; einmal je ein Heft mit einfachen Gleisfiguren und je eine ausführlichere Broschüre von 54 Seiten mit Illustrationen, Schaltplänen, Oberleitungsplänen und erläuternden Darstellungen des Märklin-Gleissystems.
Gebrüder Märklin + Cie.
GmbH., 7320 Göppingen

Märklin-Signalbücher

Jeweils für Märklin-H0-Formsignale und -Lichtsignale gibt eine

Broschüre mit ausführlichen Erklärungen und Abbildungen sowie Einbauanleitungen.
Gebrüder Märklin + Cie.
GmbH., 7320 Göppingen

Gleisanlagen Märklin-«miniclub»

Illustrierte Anleitung für den Aufbau von 16 Gleisanlagen und der Z-Oberleitung. Ferner im Inhalt: Anschlußanleitungen und Tips für den Brückenbau von Märklin-Z-Anlagen.
Gebrüder Märklin + Cie.
GmbH., 7320 Göppingen

Sommerfeldt-Oberleitungsbroschüre

Ausführliche und illustrierte Anleitung für den richtigen Aufbau der für alle Modellbahn-Systeme geeigneten Sommerfeldt-Oberleitung.
Günter Sommerfeldt,
7321 Hattenhofen

Trix-Express-Broschüre

Großer und ausführlicher Ratgeber für Aufbau, Technik, Gleisplanung und Betrieb der Trix-Express-H0-Bahn. Viele Gleisplan-Beispiele mit Stücklisten.
Trix-Mangold, 8500 Nürnberg

Minitrix-Ratgeber

Ein 111 Seiten starker, reich illustrierter Ratgeber für Planung, Bau und Fahrbetrieb von Minitrix-N-Anlagen. Viele technische und praktische Tips, die den Aufbau und die Gestaltung von Minitrix-Anlagen erleichtern helfen.
Trix-Mangold, 8500 Nürnberg

Wer liefert was?

Modelleisenbahn-Marktübersicht
Das Angebot auf dem Modellbahn-Sektor ist groß und vielfältig; nicht jeder Händler kann alle Fabrikate, jedes System und sämtliche Zubehörartikel in seinem Sortiment führen. Wenn Sie etwas ganz Bestimmtes suchen, finden Sie es bestimmt bei einer der hier in alphabetischer Reihenfolge aufgeführten Firmen. Sollte Ihr Fachhändler dieses oder jenes Fabrikat nicht führen, teilt Ihnen die entsprechende Firma gern die nächstgelegene Bezugsquelle mit; Direktlieferungen an Private sind in der Regel ausgeschlossen.

Arnold-N
K. Arnold & Co. KG
Deutschherrnstraße 43–47
8500 Nürnberg 1

komplettes N-Bahnsystem (M 1:160) mit Zubehör, N-Automatik-Drehscheibe, N-Gebäude; elektronisches Blocksystem, Schotter-set, Gleisbild-Stellpult, Modell-Lichtsignale, Brücken-Bausätze in großer Auswahl

Brawa
Artur Braun
Postfach 1120
7050 Waiblingen

H0- und N-Formsignal- und -Lichtsignal-Sortiment, Straßen- und Bahnhofsleuchten (H0 + N), Mauersteinplatten (H0), Tunnelportale (H0 + N), vollautomatische Bergbahn- und Seilbahnmodelle (H0 + N), Schrankenübergänge (H0 + N), Elektrozubehörartikel, Trolleybus (H0), Geländeausschmückungsteile (H0)

Busch
Busch + Co. KG
Postfach 1360
6806 Viernheim

«Toporama»-Landschaftsmatten (H0 + N), Geländeteile für Toporama-Matten, Modellbäume für alle Baugrößen, umfangreiches Angebot an Geländebaumaterial, Zubehör- und Ausschmückungsteilen für den Landschaftsbau, Straßenlampen (H0 + N)

Conrad-System
Hartel-electric GmbH.
Am Kirschberg 18
8702 Gerbrünn/Würzburg

H0-Gleissystem mit Kunststoff-Schotterbett, H0-Lichtsignale, elektronisches Blocksystem mit komplettem Zubehör, Elektrobauteile, Gleisbildstellpult in Bausatzform

Faller
Gebr. Faller GmbH
7741 Gütenbach

umfangreiches Angebot an H0- und N-Gebäudebausätzen, Brükken und Containerstation (H0 + N), Baumsortiment, komplettes Angebot für Landschafts-Ausstattungsmaterial, Hintergrundkulisse, Plastikfarben, Tunnelportale, H0-Autobahn, elektrisch angetriebene Modelle (Mühlen, Brunnen u. a.)

Fleischmann
Gebrüder Fleischmann
Postfach 150148
8500 Nürnberg 15

komplettes H0- und N-Bahnsystem (M 1:87 und M 1:160) mit Zubehör, Drehscheibe, Blocksystem, Signale, Gleisbildstellpult

Heki
H. Kittler + Co. KG
7551 Wintersdorf

umfangreiches Baumsortiment, Landschafts-Ausstattungsmaterial, Tunnelportale, Korkrinde, Islandmoos usw.

Herkat
K. Herbst
Gibitzenhofstraße 17
8500 Nürnberg

Modellbahnzubehör für H0 + N; Straßenlampen, Korkrinde, Gleisschotter, Schienenreinigungswagen, H0-Wagenwaschanlage, N-Schiebebühne, Elektrozubehörteile

Herpa
Fritz Wagener GmbH
Leonrodstraße 46
8501 Dietenhofen

Landschaftszubehör für H0 + N, N-Gebäudemodelle und -Lokschuppen, umfangreiches Baumsortiment, Gipsbinden für Geländebau, Landschaftsmatten, Ausstattungs-Kleinteile

hmb-Holzmodellbau
Günter Huppertz
Penningrode 33
4712 Werne

Gebäudemodell-Bausätze aus Holzteilen für die Lehmann-LGB-Bahn

Jouef
Le Jouet Français, Paris
Deutschland-Importeur:
Framos
Industriestraße
6908 Walldorf

komplettes H0-Bahnsystem mit Zubehör (hauptsächlich nach französischen Eisenbahnvorbildern)

Kibri
Kindler + Briel
Postfach 1540
7030 Böblingen

umfangreiches Angebot an Gebäudebausätzen in den Baugrößen H0, N und Z; H0-Nutzkraftfahrzeug-Modelle, Fertiggelände, Bahnübergänge mit und ohne Schranken, Tunnelportale (H0, N und Z), H0-Figuren, Hintergrundkulisse, Landschaftsbaumaterial (Islandmoos, Mauerplatten, Kleber u. a.)

LGB
Patentwerk E. P. Lehmann
Saganer Straße 4
8500 Nürnberg

komplettes Bahnsortiment mit Zubehör in Baugröße 2m (M 1:22,5, Spurweite 45 mm) nach schmalspurigen Vorbildern; wetterfeste Ausführung

Liliput
Liliput Modellbahn GmbH
Walter Bücherl
Postfach 8
A-1172 Wien

komplettes H0-Bahnsystem (M 1:87) und H0e-Schmalspur-Fahrzeuge für 9-mm-Gleis (M 1:87), H0-Straßenbahnen

Lima
Lima trains, Vicenza
Deutschland-Importeur:
Sieber + Co. KG
Postfach 72
8510 Fürth 2

komplette Bahnsortimente mit Zubehör in den Baugrößen 0, H0, und N

Lutherer
H. Lutherer
Postfach 6
8734 Massbach

Holzfachwerk-Gebäudebausätze für die Lehmann-LGB-Bahn

Märklin
Gebr. Märklin & Cie. GmbH.
Postfach 860/880
7320 Göppingen

komplette Bahnsysteme in den Baugrößen H0, Z (M 1:220) und 1 (M 1:32) mit Zubehör. Für H0: Signale, Drehscheibe, Lokschuppen, Oberleitung, Schranken und viel technisches Zubehör. Einige der Wechselstrom-Triebfahrzeuge werden unter dem Markennamen «Hamo» auch für den Zwei-Schienen-Gleichstrombetrieb angeboten (Sonderprospekt). Für Z: Schiebebühne, Oberleitung, Gebäudemodelle.

Mössmer
Josef Mössmer
Postfach 345
7992 Tettnang

Schaumstoff-Schotterbettungen für fast alle Gleisfabrikate und Baugrößen, Schaumstoff-Bahndammauffahrten und Zubehör, Fahrzeug-Aufbewahrungskästen aus Schaumstoff

Merten
W. Merten
Industriestraße 25
1000 Berlin-Tempelhof

Menschen und Tierfiguren aus Kunststoff in vielen verschiedenen Ausführungen für fast alle Baugrößen und gängigen Maßstäbe

Noch
O. E. Noch
7988 Wangen/Allgäu

großes Angebot an H0-, N- und Z-Fertiggeländen in variablen Ausführungen, umfangreiches Baumsortiment, Landschafts-Kleinmotive und Bahndammauffahrten, Tunnelportale für H0, N + Z, verschiedene Geländematten-Ausführungen, Streugras, Korkfelsen, Islandmoos, Schaumflocken u. a. für den Landschaftsbau

Pola
Pola-Modellspielwaren
8734 Rothhausen

umfangreiches Angebot an H0- und N-Gebäudemodellen, Klappbrücken, Lokschuppen (Bausätze), Gebäudebausätze für Lehmann-LGB-Bahn (aus Kunststoff)

Preiser
Paul M. Preiser
Postfach
8803 Rothenburg o. d. T.

umfangreiches Sortiment an Menschen und Tierfiguren in allen Maßstäben; Landschafts-Ausstattungsmaterial in großer Auswahl: Fuhrwerke (H0), Baugeräte und Maschinen (H0), Bäume, Islandmoos, Landschaftsmatten in verschiedenen Oberflächenstrukturen, Straßenplatten und -markierungen, Militärfiguren

Roco
Roco-Modellspielwaren
GmbH + Co. KG
Postfach 38
A-5033 Salzburg

komplettes H0- und N-Bahnsystem, H0-Straßenbahnen

Schneider
Martin Schneider
Postfach 10
7336 Uhingen

Straßenleuchten für alle Baugrößen (von Z bis 1), Beleuchtungssockel für Gebäude, Bäume, Streufaser, Islandmoos und Elektro-Zubehörartikel

Sander
Fr. Sander
Rudolfstraße 2–4
5600 Wuppertal 2

Geländematten für den Landschaftsbau in verschiedenen Ausführungen

Seuthe
E. Seuthe
7321 Eschenbach

Raucheinsätze für Dampflokmodelle (ab Baugröße N und größer), Raucheinsätze für Gebäude- und Schiffsmodelle, Reinigungsdestillat für Triebfahrzeugmodelle, elektrische Zubehörteile

Sommerfeldt
Günter Sommerfeldt
Friedhofstraße 42
7321 Hattenhofen

komplette Oberleitungssysteme für alle N-, H0- und 0-Bahnen in verschiedenen Ausführungen, Dachstromabnehmer für Elloks, Straßenbahn-Fahrleitungen

Trix
Trix-Mangold
Kreulstraße 40
8500 Nürnberg

komplettes N-Bahnsystem (Minitrix) und H0-Dreischienen-Bahnsystem (Trix-Express) sowie H0-Fahrzeuge für das Zweischienen Gleichstromsystem (Trix-International); Signale, elektronisches Fahrpult, unabhängige Mehrzugeinrichtung «ems» (für alle Bahnsysteme), Modellbahn-Fernsteuerung «Trix 2000»

Vollmer
Wolfram Vollmer
Postfach 40 09 20
7000 Stuttgart 40

umfangreiches Angebot an Modellgebäude-Bausätzen für H0 + N, Brücken, «Toporama»-Landschaftsmatten, Lokschuppen, Industriegebäude, Oberleitungssysteme für alle Bahnen in H0 und N

Weiss
Hans Weiss
Chem. Erzeugnisse
7441 Altenriet

SR 24-Schienen-Reinigungsöl, Dampföl, Reinigungsöl für Motoren und Getriebe

Wiking
Wiking-Modellbau
Unter den Eichen 101
1000 Berlin 45

großes Sortiment an maßstäblichen Automodellen für die Baugrößen H0 und N

Witzschel
Rolf Witzschel
Nördliche Ringstraße 150
7320 Göppingen

großes Angebot an Landschafts-Ausstattungsmaterial: Baumsortimente, Geländematten, Islandmoos, Erikamoos, Korkrinde, Korkschotter, Streumaterial, H0-Tunnelportale und -Mauerplatten, kleine Ausstattungsmotive

Die vorstehende Übersicht erhebt keinen Anspruch auf Vollständigkeit und beschränkt sich auf Firmen, die ein Sortiment führen, das in den meisten Fachgeschäften erhältlich ist. Der Modellbahn-Fachhändler kann über weitere Angebote Auskunft geben.

1010/2